雷达技术系列丛书

雷达目标特性及 MATLAB 仿真

徐志明　艾小锋　赵　锋　吴其华　编著

电子工业出版社

Publishing House of Electronics Industry

北京 · BEIJING

内 容 简 介

利用电磁计算数据得到雷达目标回波的仿真方法是雷达检测、成像、特征提取与识别研究中一个重要的工具。本书以雷达目标特性电磁仿真为主线，依次介绍了综合利用 FEKO 和 MATLAB 软件仿真雷达目标动态 RCS 特性、微动特性、图像特性、极化特性的方法，并提供了编程实例。

本书可以作为雷达目标探测与识别领域科研人员的入门资料和工具用书。尤其是低年级研究生，可以利用本书总结的方法快速获得与其研究相关的雷达目标仿真回波，从而节省时间去突破核心难题，聚焦创新前沿。书中相关程序资源可登录华信教育资源网（http://www.hxedu.com.cn）免费下载。

图书在版编目（CIP）数据

雷达目标特性及 MATLAB 仿真 / 徐志明等编著. —北京：电子工业出版社，2021.12
（雷达技术系列丛书）
ISBN 978-7-121-42452-6

Ⅰ. ①雷…　Ⅱ. ①徐…　Ⅲ. ①雷达目标—计算机仿真②计算机仿真—Matlab 软件　Ⅳ. ①TN951
②TP391.9

中国版本图书馆 CIP 数据核字（2021）第 244548 号

责任编辑：曲　昕　　文字编辑：康　霞
印　　刷：北京七彩京通数码快印有限公司
装　　订：北京七彩京通数码快印有限公司
出版发行：电子工业出版社
　　　　　北京市海淀区万寿路 173 信箱　邮编　100036
开　　本：787×1 092　1/16　印张：13　字数：332 千字
版　　次：2021 年 12 月第 1 版
印　　次：2022 年 12 月第 4 次印刷
定　　价：79.00 元

凡所购买电子工业出版社图书有缺损问题，请向购买书店调换。若书店售缺，请与本社发行部联系，联系及邮购电话：（010）88254888，88258888。
质量投诉请发邮件至 zlts@phei.com.cn，盗版侵权举报请发邮件至 dbqq@phei.com.cn。
本书咨询联系方式：（010）88254468，quxin@phei.com.cn。

前　言

目标与不同频段电磁波的作用机理不同，呈现的散射特性有很大差异。目前，大多数雷达工作的频段远低于可见光，通过雷达获得的目标特征参数很难像光学图像一样被直观认识，这给雷达目标的特征提取与识别构成了很大困难。因此，目标在雷达工作频段下的散射特性是首先应搞清楚的问题。

雷达目标散射特性的感知手段主要有几种方式：电磁仿真、暗室静态和动态测量、外场静态和动态测量。由于实际测量成本较高，电磁仿真一直是科研人员在雷达目标特性研究中被广泛采用的方式之一。在武器装备的靶场试验中，电磁仿真结果也常被作为试验结果的重要参考。因此，电磁仿真是电磁兼容、特征提取、目标识别、雷达跟踪与检测等相关领域科研人员的一项必备技能。

在雷达目标识别算法的研究过程中，作者经常需要利用电磁仿真获得目标的动态RCS、时频图、角闪烁、二维图像等进行算法的验证。由于目前缺乏这方面的专业书籍，经常通过与这一领域的同行专家交流，在交流中相互学习，在摸索中慢慢积累。为了相关的同行少走弯路，于是将平时的交流心得、理论公式推导、电磁仿真结果，以及MATLAB 代码进行整理，遂成此书。

本书是课题组长期研究的结晶，主要由徐志明统筹，艾小锋、赵锋、吴其华、刘晓斌、顾赵宇等参与撰写并提供素材。国防科技大学戴崇、吴佳妮、张弛、吕楚冰、张林宇、朱义奇，武汉大学的何思远教授、黄凯博士、刘进博士等人均在本书的撰写过程中给予了诸多指导和帮助，并提供了本书的部分素材。在撰写过程中，国防科技大学肖顺平、王雪松、李永祯教授对本书提出了宝贵的意见和建议。航天科工集团 207 所黄培康院士团队、北京航空航天大学许小剑教授团队、北京理工大学盛新庆教授团队、武汉大学朱国强教授团队、复旦大学金亚秋院士团队等在雷达目标特性领域做出的杰出工作给予作者很大启发，在此向他们表示衷心感谢。

本书的出版获得了国家自然科学基金项目（62071475，61890541，61890542）资助，在此向基金会及相关人员表示感谢，同时向本书引用的参考文献的有关作者表示感谢，他们的工作是本书的基石。

由于作者水平有限，书中难免存在不足和错误之处，敬请同行批评指正。

编著者

湖南 • 长沙

目　　录

第1章 绪 论

雷达目标特性是雷达系统设计和性能分析的基础，是具有全局性、基础性和先进性的关键技术领域。雷达目标特性技术的进步与雷达技术的发展相互促进，相辅相成。一方面，多目标、假诱饵、隐身与低空突防等手段的出现迫使雷达发展了相控阵、宽带、多基地、脉冲多普勒等多种先进体制；另一方面，目标识别、雷达对抗、隐身与反隐身等战术应用的兴起，也促进了目标特性技术的进步。军事上常见的雷达目标包括飞机、弹头等重要目标，因此本书主要将这两种目标作为电磁仿真的对象。

与电磁辐射概念不同，目标电磁散射指的是电磁波照射到物体后产生的二次辐射。衡量目标电磁散射能力的一个指标就是耳熟能详的雷达散射截面积（RCS）。雷达探测目标的原理就是利用了目标的散射，目标 RCS 的大小直接反映了目标在雷达探测下的隐身能力。除此以外，由于现在雷达 I/Q 正交采样技术的发展，RCS 不再仅仅衡量目标散射能力的强弱，RCS 相位信息还包含了目标散射中心的相对位置关系，宽带雷达可以利用测量得到的目标复数 RCS 对目标进行成像。因此，针对合作方雷达目标，利用雷达设备在外场测量目标的 RCS，或利用矢量网络分析仪等设备在暗室中测量目标的 RCS 可以了解己方雷达目标的隐身性能及目标特性。针对非合作方雷达目标，测量其 RCS 数据，主要用来分析其隐身性能及可识别特征。

电磁仿真计算、暗室静态测量、外场静态测量、外场动态测量是研究雷达目标特性的四种基本方法，这四种方法与实际作战情况的贴近程度依次提高。外场动态测量得到的目标特性更加逼近实战条件下目标的真实表现，可以称为"真值"。"真值"与电磁仿真计算、暗室静态测量和外场静态测量存在显著差异，误差主要来自以下几个方面：

（1）目标模型制作材料与真实目标的差异；

（2）缩比模型的电磁缩比关系不准确；

（3）目标姿态变化与真实目标运动模型不一致；

（4）真实目标活动部件的振动和转动等微运动难以模拟。

外场静态、动态测量是获取目标真实电磁散射特性的必要手段，但其实施过程仍存在以下问题：

（1）测试场占地大，建设成本高；

（2）背景电平较高，受气候影响较大；

（3）测试耗费大量人力物力；

（4）进行重复实验成本高；

（5）无法针对非合作目标开展测量工作。

由于外场测量的以上问题，工程上通常采用暗室测量数据和电磁仿真数据作为研究雷达目标特性的工具。暗室测量一般在微波暗室内进行，一方面防止了信号的辐射泄漏，满足保密要求；另一方面不会被外界环境、电磁信号干扰等因素影响仿真的可靠性。因此，暗室测量技术受到世界各国的高度重视和广泛研究。

微波暗室通过在房间内敷设吸波材料，通过减少墙壁反射，在某一部分形成一个近似无回波区（静区）的内场环境。因此，微波暗室的设计决定了其用途与实验精度，在研制雷达系统的过程中有着举足轻重的作用。在一系列影响微波暗室设计的因素中，尤其以反映静区反射强度的电性能指标最为重要。

国外微波暗室的建设起步较早，技术成熟，不少暗室的静区反射率电平能够达到 −30～−40dB，可以满足一般的微波工程测量任务。1984 年，美国俄亥俄大学建立了微波暗室，以完成目标散射截面积测量等任务。美国 Raytheon 公司构建了天线测量微波暗室，能够完成天线测量、RCS 测量、逆合成孔径雷达（Inverse Synthetic Aperture Radar，ISAR）成像等任务。林肯实验室则构建了近场测量暗室、系统测量暗室、锥形暗室等一批功能丰富的微波暗室，如图 1.1 所示。

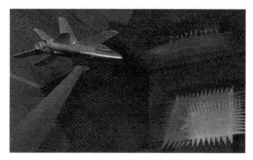
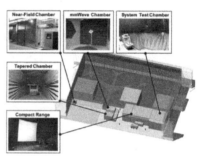

（a）Raytheon 公司微波暗室　　　　　　　　（b）林肯实验室微波暗室

图 1.1　美国微波暗室实物图

随着我国经济和技术的发展，国内工业集团和各高校也建立了不同功能的微波暗室，大部分暗室静区性能可以达到−40dB。

天线测量及雷达系统性能测量应当在远场区进行，一般远场条件需要测试距离大于 $R_0=2D^2/\lambda$，对于 X 波段而言，当天线口径为 1.5m 时，要求实验距离大于 150m。这对微波暗室的设计和成本而言，是难以实现的。工程中通常采用紧缩场技术解决远场条件测试的问题。

紧缩场技术是通过对被测量天线的波前进行修正，达到在较近距离满足远场测量条件，从而降低天线测试中对试验距离的要求。实现紧缩场主要有三种方法，一种是利用金属抛物反射面，这种方法比较成熟，静区特性好且工作频带较宽，因此国内研究机构、高校广泛采用这种方式实现目标电磁特征测量。图 1.2 为紧凑场微波暗室的金属抛物反射面，支持频率范围为 0.1～40GHz。第二种是全息紧缩场，在天线测量领域也获得了广泛应用。最后一种是介质透镜紧缩场，这种紧缩场方式易于满足辐射式仿真试验时阵列模拟目标与被试天线间的相对态势关系，因而也被广泛使用。

图 1.2　时域紧缩场微波暗室抛物反射面

在目标特性测量方面，国内外主要采用冲激脉冲与扫频信号模拟雷达发射信号，获取目标电磁特征。

1. 冲激脉冲目标测量方法

冲激脉冲目标测量是通过发射超短脉冲信号对目标特性进行测量。由于信号脉宽较短，从而具有大带宽特性，利于获取宽带雷达目标散射特性。另一方面，冲激脉冲持续时间很短，在时域即可解决收发信号隔离问题，可以在较小的微波暗室中完成测量。

2. 扫频信号目标测量方法

扫频方案通常是利用矢量网络分析仪的扫频源发射扫频信号，在测试带宽内对目标进行测量和分析，扫频测量的方法精度更高、能实现一维成像、具有高分辨率，且包含了整个扫频宽度内各频点的目标特性信息，是目前雷达目标特性测量广泛采用的方式。图 1.3 中美国林肯实验室利用微波暗室，通过发射扫频信号，对弹头目标微动特性进行了测量与目标特性分析。

（a）弹头模型

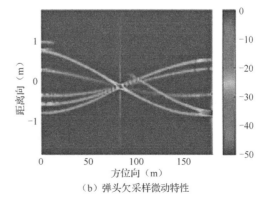

（b）弹头欠采样微动特性

图 1.3　弹头目标欠采样数据特性分析

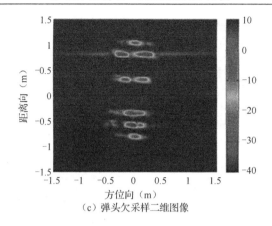

（c）弹头欠采样二维图像

图 1.3　弹头目标欠采样数据特性分析（续）

随着对雷达目标运动特性的认识加深，国内学者利用微波暗室射频仿真的方法对雷达的宽带目标特性开展了广泛研究。图 1.4 为中国防科技大学的刘进等构建的紧凑场微波暗室动态测量系统，采用扫频信号分析了空间进动目标动态散射特性。北京航空航天大学的高旭等，在微波暗室中利用扫频信号研究了飞机目标中缝隙部位的电磁散射特性。

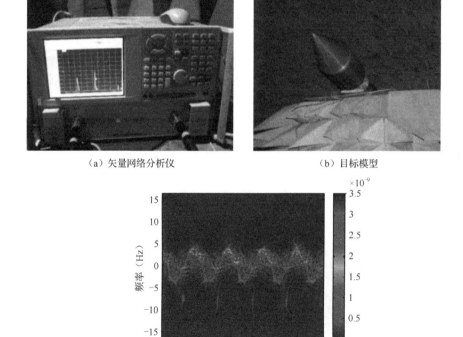

（a）矢量网络分析仪　　　　　　　　　（b）目标模型

（c）微多普勒

图 1.4　扫频信号暗室测量的目标动态特性分析

采用扫频信号进行目标静态测量时，通常是将目标置于转台上，通过转台旋转对每个方位角进行宽带扫频测量，实现目标 RCS 二维成像。但静态测量无法反映目标的运动特性，难以逼真地再现实际场景中目标 RCS 的动态信息。尤其对于实现高精度方位下的目标特性测量，需要设定较小的转台方位角间隔。例如，对 $0°\sim180°$ 的方位角进行测量，若方位角间隔为 0.2°，则需要 900 个角度的测量，当扫频带宽为 2GHz，扫频间隔为 5MHz 时，每个角度需要进行 400 个频点的扫描，这大大增加了开展实验的工作量和数据处理的难度。由于矢量网络分析仪通过对设定带宽内的所有频点扫描结束后才能进行下一方位角的测量，使得测量系统信号等效脉冲重复频率（Pulse Repetition Frequency，PRF）较低，通常仅能达到几十赫兹量级。

当前，雷达系统广泛采用脉冲信号完成空间目标的探测、特性测量与成像。由于脉冲信号能够达到较高的 PRF，对高动态目标特性测量具有较大的优势。在外场环境中，目标与雷达距离在数十千米至百千米。但微波暗室空间有限，天线与目标距离较近，至多在百米范围内，如图 1.5 所示。对于雷达系统，在收发分时方式下，发射信号与接收信号将会在接收天线处产生遮挡，无法获取完整的目标回波。在收发同时方式下，接收天线将会收到发射天线的强耦合信号，使得收发信号难以被有效分离。在收发天线之间放置隔离器，可以降低信号互耦的程度，但是对隔离器的设计提出了较高要求。

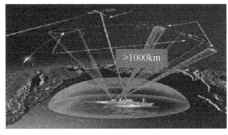 

（a）真实场景　　　　　　　　　　　（b）仿真场景

图 1.5　暗室尺寸与脉冲宽度的矛盾

电磁仿真作为一种获取目标静态散射特性的低成本途径，具有用时少、周期短、节约资源等优点。随着计算机技术的发展及 GPU 编程、分布式计算等程序并行方法的实现，使得仿真时间大大缩短。电磁仿真方法在这个基础上逐渐成为复杂目标特性分析的重要辅助手段，并成为学界和工程界研究目标特性最主要的工具。随着计算电磁学在工程应用领域影响力的不断加深以及相关理论的不断成熟，各种集成的商用电磁分析软件越来越多。这些专业的电磁分析软件大多集成了建模、数值分析以及结果显示等相关功能模块，使得操作者可以更加方便、直观地进行目标电磁特性分析，大大降低了计算电磁学的研究门槛。

（1）以矩量法为主的微波软件：FEKO，ADS，Ansys Designer，Zeland IE3D，Sonnet，Microwave Office，Ansys Esemble，Super NEC；

（2）以有限元法为主的微波软件：HFSS 和 ANSYS；

（3）以时域有限差分法为主的微波软件：EMPIRE 和 XFDTD；

（4）以有限积分法为主的微波软件：CST Microwave Studio；

需要指出的是，上述的分类并非是固定的，随着各种电磁分析软件开发商的不断更新维护，现有的电磁分析软件往往不局限于一种算法，正向着多种算法相结合的趋势发展。

国内在电磁仿真领域起步相对较晚，但是发展十分迅速。东南大学、武汉大学、北京航空航天大学、浙江大学、上海交通大学、南京大学等高校已开发出各具特色的电磁特性预估软件。上海东峻信息科技有限公司自主研发了国内首款成熟的全矢量三维电磁模拟仿真软件 EastWave。EastWave 是基于严格的时域有限差分算法（FDTD）和近似的物理光学算法（PO）等的软件系统。经过十多年长期研发，上海东峻在严格全波 FDTD 算法方面取得系列突破，在保证计算精度的前提下，EastWave 软件在计算速度上大大提高。

本书利用的电磁仿真软件以 FEKO 为主，但是更加侧重的是对电磁仿真数据的处理和目标散射特性的认知，相关电磁波方向、极化坐标系的设置等在各款电磁计算软件也基本都是互通的，因此，研究人员具体采用哪一款电磁仿真软件并没有什么影响。

1.1　FEKO 仿真软件简介

FEKO 由 Gronum Smith 博士一手创办的 EMSS 公司开发，成为第一个把矩量法（MoM）推向市场的商业电磁计算软件。FEKO 软件无处不渗透着德国人严谨、简洁、工程的风格。2014 年 Altair 和 EMSS 达成协议，Altair 100%收购 EMSS 公司，从此将 FEKO 集成到 Altair HyperWorks 中，成为单独的一个电磁仿真模块。HyperWorks 中每个模块都是可以单独安装使用的，假如购买的是 HyperWorks 软件整个安装包，会有很多模块，我们只需要下载 hwFEKO 模块即可。

FKEO 中主要集成了全波频域算法：MoM、FEM、MLFMM；全波时域方法：FDTD；高频近似方法：PO、LE-PO、RL-GO、UTD。根据目标的电尺寸大小、材料的复杂度合理地选择采用的电磁计算方法，将会提高结果的准确性，节约计算资源和计算时间。

FEKO 中三大模块 CADFEKO、EDITFEKO、POSTFEKO 的组织关系如图 1.6 所示。CADFEKO 中主要是用来创建目标 3D 模型，设置电磁波频率，入射电磁波方向，散射电磁波方向，电磁计算算法，模型剖分等；EDITFEKO 通过脚本语言用于对 CADFEKO 中创建的模型进行高级设置。大多数模型不需要使用 EDITFEKO，但是某些高级设置无法在 CADFEKO 中实现，因此需要 EDITFEKO。POSTFEKO 主要对 FEKO 计算结果的显示、处理和导出。

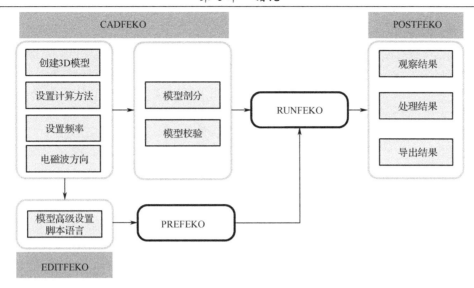

图 1.6 FEKO 的组织关系

1.2 电磁计算与试验测量之间的联系

利用电磁计算软件计算目标的 RCS 之前必须搞清楚它和外场试验两种方式测量得到的目标 RCS 之间的差异。首先如图 1.7 所示，实际空中目标的运动可以分解为三步：第一步目标沿雷达径向平移（相对于雷达的姿态保持不变），第二步目标围绕雷达做匀速圆周运动（相对于雷达的姿态保持不变），第三步调整目标姿态。如表 1.1 所示，第一步目标沿着雷达径向平移，目标相对于雷达的姿态没有变化，只会造成目标雷达回波的频移（多普勒效应）；第二步目标以雷达为圆心做圆周运动，速度方向与雷达径向垂直，且目标相对于雷达的姿态没有变化，所以雷达回波没有发生变化；第三步目标调整姿态，目标散射中心相对于目标中心的运动产生了目标回波的频移（微多普勒），目标姿态的变化也带了 RCS 的变化，即目标雷达回波的幅度会发生变化。

表 1.1 目标运动引起的回波变化

步 骤	频 移	幅度（RCS 变化）
第一步：平移	√	
第二步：圆周运动		
第三步：调整姿态	√	√

当以目标中心为参考中心时，目标径向运动即第一步引起的频移需要被补偿掉，最后雷达回波的变化仅是由第三步引起的，所以仅需要考虑目标运动时相对于雷达的姿态变化，相当于雷达成像原理中的转台模型。

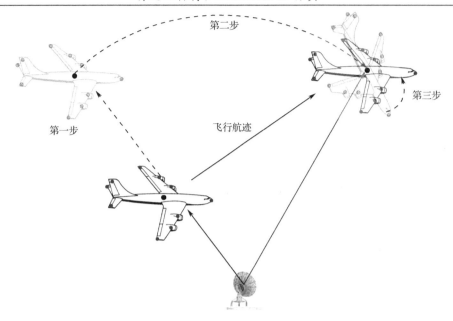

图 1.7　雷达目标的运动模型

在电磁计算软件中，目标置于坐标系中心，目标相对于雷达的姿态变化可以通过改变电磁波方向来实现。如图 1.8 所示，在电磁计算软件中改变电磁波的方向可以等效为目标的旋转。基于 MATLAB 与 FEKO 联合仿真的思路，目标姿态的变化还可以通过 FEKO 设置电磁波方向后，通过 MATLAB 改变模型的旋转角度来实现。在后向散射计算中，由于目标的旋转和电磁波方向的旋转是等效的，所以两种方法是一样的；在双基地散射计算中，基于 MATLAB 和 FEKO 联合仿真的思路可以使计算复杂度由 $O(N^2)$ 降为 $O(N)$。

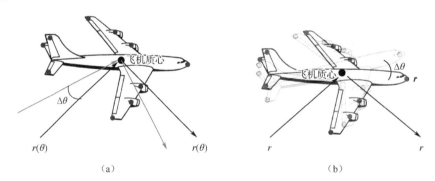

　　　　（a）　　　　　　　　　　　　　　　　　　（b）

图 1.8　电磁计算软件中目标相对于雷达姿态变化的实现方法

1.3　本书各章节内容简介

本书以雷达目标散射特性分析为落脚点，电磁仿真为技术手段，分别对雷达目标的动态 RCS、微动引起的时频特征、雷达图像和极化调制四个方面的电磁仿真方法进行了介绍。由于当前外场和暗室测量的成本很高，很多研究人员还是不得不依赖于电磁仿真数据开展研究工作。因此，本书可以为雷达目标散射特性、特征提取、目标识别等领域的研究提供基本的技术基础，尤其是对于刚接触到本领域的低年级研究生，本书介绍的电磁仿真流程和 MATLAB 代码可以帮助他们快速上手本领域的研究工作，节省时间去突破核心难题，聚焦创新前沿。

本书共分 7 章。

第 1 章介绍了电磁仿真在雷达目标特性研究中的必要性。讲解了目前研究雷达目标电磁散射特性的技术手段主要有电磁仿真计算、暗室静态测量、外场静态测量、外场动态测量四种方式，并分析了电磁仿真数据与外场动态测量数据的关系。

第 2 章概述了雷达目标散射特性的主要内容。紧紧围绕雷达目标的 RCS、散射中心、极化三个维度，阐述了雷达目标散射特性的基本概念及表征方法。该章是本书的理论基础。

第 3 章以飞机为研究对象，基于飞机的力学模型和运动模型，介绍了利用电磁计算的 RCS 静态数据对飞机目标的动态 RCS 进行建模仿真。

第 4 章在时频分析方法的基础上，介绍了对导弹目标和旋翼无人机的微运动特性进行电磁仿真的方法。其中导弹目标的微运动被认为是区别弹头和诱饵的重要特征；利用旋翼无人机的微运动可以对无人机的类型进行识别并估计旋翼叶片的数量以及转速等，是当今的研究热点。

第 5 章从雷达图像的成像原理入手，介绍了如何利用电磁仿真数据获取雷达目标的一维、二维图像。

第 6 章详细阐述了雷达目标极化散射特性的电磁仿真方法。该章从 FEKO 软件的极化坐标系定义入手，对 Huynen 目标参数、最优极化、极化分解等理论进行了介绍，并提供了相对应的电磁仿真案例。

最后为本书引用的参考文献。

本书附件提供关键的 MATLAB 源代码，为了提高源代码的可读性和复用性，编者将代码都进行了函数封装，方便读者的使用。

第 2 章　雷达目标散射特性概述

如图 2.1 所示，由于目标与不同频段电磁波作用的机理不同，目标在不同频段电磁波照射下的散射图有很大差异。目前大多数雷达工作的频段都远低于可见光的频段，通过雷达获得的目标特征参量很难像光学图像一样被显性认识，对雷达目标的特征提取与识别均造成了很大的困难，因此研究目标在雷达工作频段下的散射特性是必要的。在后续章节的电磁仿真案例中，本章作为研究基础，为分析目标的时频特征、图像特征和极化特征提供理论支撑。

　　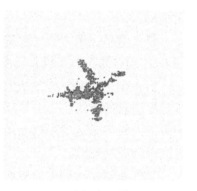

（a）光学图像　　　　　　　（b）红外图像　　　　　　（c）C 波段雷达图像

图 2.1　客机在不同频段电磁波下的图像

雷达目标特性包含雷达目标尺度信息和特征信息两部分。雷达目标散射特性更多地关注入射电磁波在目标表面激励起感应电流而进行再次辐射过程中，对电磁波的调制效应，这种调制效应由目标的物理结构特性决定，反映了目标的特征信息。雷达目标散射特性的基本内容主要包括以下几个维度：雷达散射截面积（Radar Cross-section，RCS）特性、散射中心特性和极化特性。

如表 2.1 所示，目标 RCS 主要反映目标的尺寸、长短轴比等整体结构特征信息；散射中心的类型、分布可以反映目标的轮廓、部件组成等局部结构特征信息；极化散射特性如窄带极化不变量、宽带极化分解系数可以反映散射中心类型、空间指向、表面粗糙度等精细结构特征信息。

表 2.1　雷达目标散射特性与特征信息的对应关系

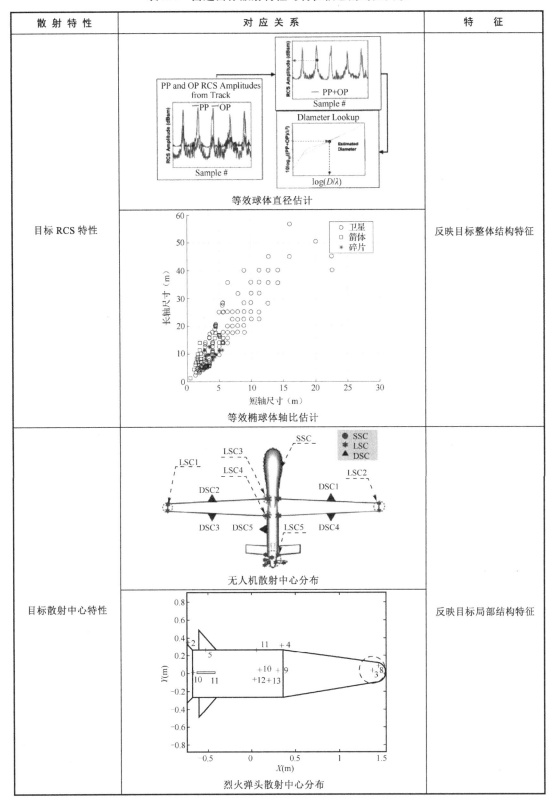

散 射 特 性	对 应 关 系	特 征
目标 RCS 特性	等效球体直径估计 等效椭球体轴比估计	反映目标整体结构特征
目标散射中心特性	无人机散射中心分布 烈火弹头散射中心分布	反映目标局部结构特征

散 射 特 性	对 应 关 系	特 征
目标极化散射特性	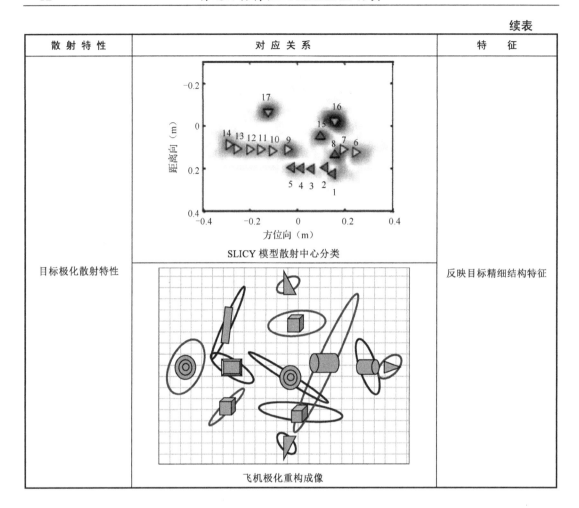 SLICY 模型散射中心分类 飞机极化重构成像	反映目标精细结构特征

2.1　雷达目标 RCS 特性

衡量被观测目标对雷达发射的电磁波散射能力的物理量称为雷达散射截面积（Radar Cross Section，RCS），通常用 σ 表示。RCS 是反映目标对雷达信号散射能力的度量指标，RCS 的变化规律既反映了目标的整体结构特征信息，又反映了目标的运动特性。在 20 世纪七八十年代，研究者就意识到了 RCS 序列包含目标的结构特征，例如，利用 RCS 序列可以区分母舱和弹头；根据 RCS 序列，估计空间碎片的尺寸和运动状态等。

远场 RCS 的定义由式（2.1）给出。

$$\sigma = \lim_{R \to \infty} 4\pi R^2 \frac{|\boldsymbol{E}_s|^2}{|\boldsymbol{E}_i|^2} = \lim_{R \to \infty} 4\pi R^2 \frac{|\boldsymbol{H}_s|^2}{|\boldsymbol{H}_i|^2} \tag{2.1}$$

其中 R 为雷达到目标的距离，$(\boldsymbol{E}_i, \boldsymbol{H}_i)$ 为目标处的入射场，$(\boldsymbol{E}_s, \boldsymbol{H}_s)$ 为接收天线处雷达目标散射场。$R \to \infty$ 表明 RCS 是定义在远区场的物理量，即目标与雷达之间的距离要满足远场条件 $R \geqslant \dfrac{2D^2}{\lambda}$，$D$ 为目标在某个方向上的最大长度，λ 为电磁波的波长。由式（2.1）可知，在已知入射场的情况下，求解 RCS 转化为求解目标散射场的问题。

在电磁仿真软件中，远区电场 $\boldsymbol{E}_{\text{far}}$ 的定义为式（2.2）。

$$\lim_{R \to \infty} \boldsymbol{E}_s(\boldsymbol{r}) = \frac{\mathrm{e}^{-jkR}}{R} \boldsymbol{E}_{\text{far}} \tag{2.2}$$

其中 $\boldsymbol{k}$ 为波矢量。

通过 FEKO 计算平板前向散射的 RCS，求解器分别选择远场求解器 Farfield 和近场求解器两种。利用 Farfield 求解平板的前向散射时，入射波为平面波，Farfield 自动只计算平板的散射场部分，忽略入射场，计算结果如图 2.2 所示。

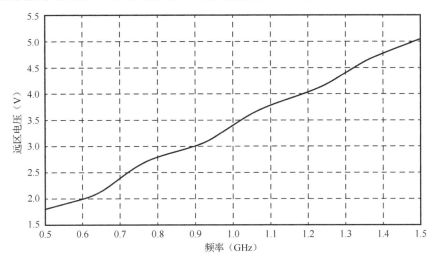

图 2.2　平板前向散射散射场（Farfield 求解器）

为了对比 Farfield 求解器和 Nearfield 计算远区散射场的区别，利用 Nearfield 求解器同时计算平板前向散射场，其中散射场观察点 P 到平板中心的距离为 1000m（注意 Nearfield 设置中勾选"只计算散射场"），计算结果如图 2.3 所示。

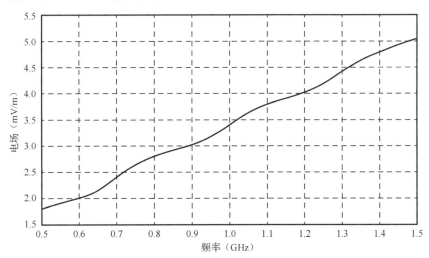

图 2.3　平板前向散射散射场（Nearfield 求解器）

从图 2.2 和图 2.3 可以看出利用 Farfield 和 Nearfield 获得的结果趋势是一致的，只是单位和量级不一样。这是因为 Farfield 求解器计算得到的远区散射场进行了距离归一化，即 $E_{far}=RE_s$，这样 E_{far} 将不再是目标到雷达距离的函数，同时 E_{far} 的单位也不再是 V/m 而是 V。在 Nearfield 的设置中，$R=1000m$，所以 E_{far} 从数值大小上来看是 E_s 的 1000 倍，上述结论与图 2.2 和图 2.3 中的计算结果一致。

当 Nearfield 设置中不勾选"只计算散射场"选项时，求解器将会计算总场=入射场+散射场。计算结果如图 2.4 所示。从图 2.4 可以看出，Nearfield 计算得到的总场是入射场和散射场的相干叠加。

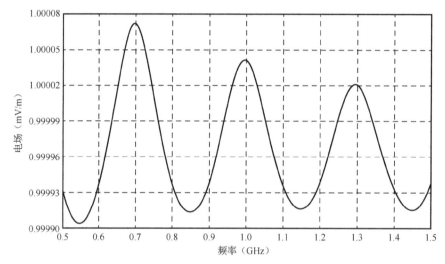

图 2.4　平板前向散射总场（Nearfield 求解器）

为了分析平板前向散射随视线角的变化，电磁波入射方向不变，为垂直平板向下，接收方向的方位角为 0°，俯仰角从 135° 变化到 180°，步进为 1°，利用 Nearfield 求解器得到平板的前向散射场随接收方向俯仰角的变化如图 2.5 所示。

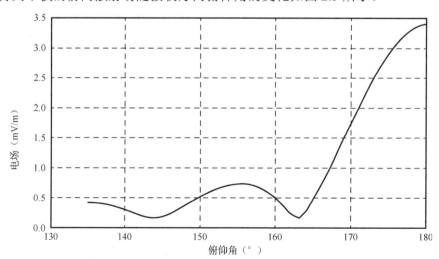

图 2.5　平板前向散射散射场随俯仰角变化（Nearfield 求解器）

利用 Nearfield 求解器得到平板的前向散射总场随接收方向俯仰角的变化如图 2.6 所示。

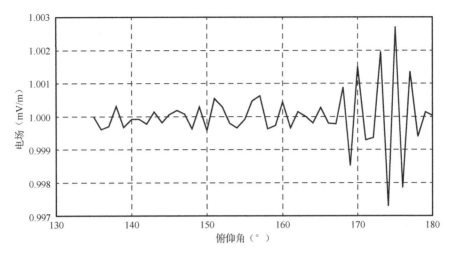

图 2.6　平板前向散射总场随俯仰角变化（Nearfield 求解器）

在式（2.2）的定义下，远区场强成为与雷达到目标的距离无关的物理量。当电磁仿真软件中入射电磁波幅度为"1"时，利用电磁仿真的远场散射数据计算目标 RCS 的公式简化为式（2.3）。

$$\sigma = \lim_{R \to \infty} 4\pi R^2 \frac{|\boldsymbol{E}_s|^2}{|\boldsymbol{E}_i|^2} = \lim_{R \to \infty} 4\pi |R\boldsymbol{E}_s|^2 = 4\pi |\boldsymbol{E}_{\mathrm{far}}|^2 \qquad (2.3)$$

从式（2.3）可以看出雷达目标的 RCS 是与目标到雷达的距离无关的物理量。

2.1.1　RCS 与电磁波频率、方向的依赖关系

1. RCS 的频率依赖关系

由式（2.3）可知，远场 RCS 是与入射电磁波幅度及雷达与目标之间的距离无关的物理量，但是与雷达工作频率、极化方式和目标姿态紧密相关。

如图 2.7 所示，半径 $R=1\mathrm{m}$ 金属球的 RCS 是电磁波频率的函数。电磁波的频率从低到高变化时，根据 RCS 随频率的变化趋势，可以将目标的散射特性依次划分为三个区域，瑞利区、谐振区和光学区。

瑞利区：当电磁波的波长远大于目标的尺寸（$\lambda \gg R$），可假定入射波沿散射体基本

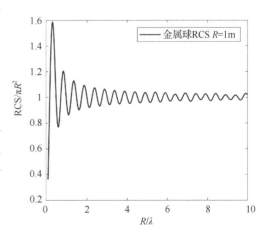

图 2.7　金属球（半径 $R=1\mathrm{m}$）RCS

上没有相位变化；在每一给定时刻，散射体各部分可"看见"相同的入射场，目标 RCS 近似与电磁波频率的 4 次方成正比。

谐振区：当电磁波的波长与目标尺寸接近时（$\lambda \approx R$），在谐振区内，散射体的每一部分都会影响到其他部分，散射体上每一点的场都是入射场和该物体上散射场的叠加，散射体各部分间相互影响的总效果决定了最终的电流密度分布，目标 RCS 随频率的变化呈现振荡趋势。

光学区：目标的尺寸远大于电磁波的波长时（$R \gg \lambda$），散射变成了局部效应，以至于一个散射体可以作为若干独立散射中心的集合来处理，目标 RCS 区趋于一个稳定的值，近似为雷达视线方向的轮廓截面积。

2. RCS 的方向依赖关系

目标 RCS 除了与电磁波频率相关，还与目标的姿态即电磁波在目标坐标系中的方位角紧耦合。特别是在光学区，目标 RCS 近似为雷达视线方向的轮廓截面积，当目标姿态相对于雷达视线发生变化时，投影的轮廓截面积必然发生变化，即 RCS 会剧烈变化。

从图 2.8 导弹模型的光学区 RCS 方向图可以很清楚直观地看到目标的 RCS 特性。当电磁波从鼻锥方向入射时，由于没有直接形成镜面、腔体、二面角等强散射结构，所以在鼻锥方向上 RCS 较小；当电磁波方位角为 90°和 270°时，电磁波垂直照射导弹模型的圆柱体，形成单曲面结构的镜面散射，所以在这两个方向上会形成 RCS 的主瓣；当电磁波方向为 180°时，电磁波和导弹模型的底部平面垂直，会产生很强的平面镜面散射，RCS 也会在该方向上具有较宽的主瓣。

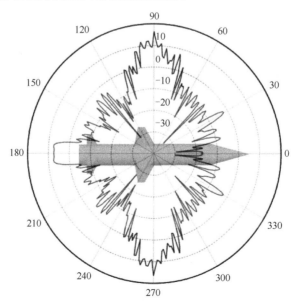

图 2.8　导弹模型光学区 RCS 方向图（单位：°）

2.1.2 单、双基地 RCS 的区别与联系

1965 年，Robert E. Kell 教授从理论上推导出当双基地角较小时目标的双基地 RCS 与在双基地角平分线上观测的单基地 RCS 的等效关系（Monostatic-Bistatic Equivalence Theorem，MBET）。MBET 从理论上建立了目标的双基地 RCS 和双基地角平分线处单基地 RCS 之间的联系。随着目标结构的复杂度提高，满足 MBET 的双基地角逐渐减小；当复杂目标的结构上存在多次散射、绕射、表面波等散射现象时，满足 MBET 的双基地角 β_{max} 将限制在 5°～10° 以内。

在高频区，可以将目标双基地 RCS 区域划分为三类：准单基地 RCS 区，双基地 RCS 区和前向散射区。在准单基地 RCS 区，MBET 理论成立。如图 2.9 所示，固定双基地入射方向，改变接收方向，电磁计算数值方法可以利用双基地 RCS 快速预估单基地 RCS，节约单基地 RCS 的计算时间；同时也可以借助雷达目标单基地 RCS 的已知特性了解目标双基地 RCS 的某些规律。随着双基地角的增大，MBET 理论不再成立，标志着进入双基地 RCS 区。双基地角接近 180° 的区域就是前向散射区，根据 Babinet 原理，目标在前向散射区的 RCS 为 $\sigma_F = 4\pi A^2/\lambda^2$，其中 A 为目标的轮廓面积。当双基地雷达功率受限时，可以利用前向散射区目标大的散射截面积来增强雷达回波功率，提高信噪比。

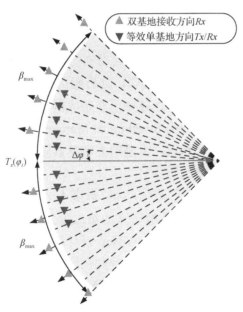

图 2.9 雷达目标单双基地 RCS 等效计算角度域示意图

2.1.3 RCS 的统计分析方法

雷达目标双基地 RCS 同时是目标姿态和双基地角的函数，由单、双基地 RCS 等效

原理可知，仅在双基地角较小时才与单基地 RCS 具有等效关系，因此双基地 RCS 与单基地 RCS 相比，自变量更多，情况更加复杂，需要借助统计的手段具体描述、认知两者的差异性。雷达目标 RCS 统计特性总结起来主要包含以下三类。

（1）RCS 统计参数：RCS 位置特征（均值、最小值、最大值），散布特征（极差、标准差、变异系数、平滑度）和分布特征（标准偏度系数、标准峰度系数）。

表 2.2　RCS 统计特征归纳表

序　　号	RCS 统计参数	计　算　公　式
1	均值	$\bar{\sigma}=\sum\limits_{i=1}^{N}\sigma_i/N$
2	最小值	$\sigma_{\min}=\min\{\sigma_1,\sigma_2,\cdots\sigma_N\}$
3	最大值	$\sigma_{\max}=\max\{\sigma_1,\sigma_2,\cdots\sigma_N\}$
4	极差	$\sigma_L=\sigma_{\max}-\sigma_{\min}$
5	标准差	$S=\sqrt{\dfrac{1}{N-1}\sum\limits_{i=1}^{N}(\sigma_i-\bar{\sigma})^2}$
6	变异系数	$C_\sigma=S/\bar{\sigma}$
7	平滑度	$R=1-\dfrac{1}{1+S^2}$
8	标准偏度系数	$g_1=\sqrt{\dfrac{1}{6N}\sum\limits_{i=1}^{N}\left(\dfrac{\sigma_i-\bar{\sigma}}{S}\right)^3}$
9	标准峰度系数	$g_2=\sqrt{\dfrac{N}{24}}\left[\dfrac{1}{N}\sum\limits_{i=1}^{N}\left(\dfrac{\sigma_i-\bar{\sigma}}{S}\right)-3\right]^4$

（2）卡方分布、对数正态分布、混合正态分布等 RCS 起伏分布模型。

通常采用统计模型定量描述 RCS 起伏，分析起伏对雷达检测性能的影响。RCS 起伏模型经历了两个发展阶段。第一阶段建立了非起伏模型和 Swerling 模型。Swerling 模型于 20 世纪 50 年代由美国兰德公司 Swerling 和 Marcum 等创建，是两种概率密度函数与两种时间去相关情况的组合。然而，大量动态实测数据表明，Swerling 模型难以详细描述甚至是简单概括目标的起伏行为。

1964 年，美国宾夕法尼亚大学 Weinstock 提出了 χ^2 分布模型，该模型具有可变的自由度，拟合精度高，开启了起伏模型研究的第二阶段。这一成果被美国政府长期保密，直到 1997 年才对外公布。1972 年，Wilson 对目标特性测量雷达获取的大量动态数据进行了统计拟合分析，结果表明，只用一种起伏模型描述目标在不同姿态下的信号特征是不合理的。此后，Swerling 将工作推向深入，把 χ^2 分布模型应用到恒虚警检测和动目标显示等方面。这一成果也长期处于保密状态，直到 1995 年 Shnidman 首次将其引用。第二阶段提出的其他统计模型还有英国皇家雷达学会 Scholefield 提出的由一个定常幅度与多个瑞利散射元组合的目标模型，Rice 分布模型和对数正态分布模型等。国内许小剑、黄培康等提出用非参数法建立起伏模型。

（1）对数正态分布模型：该分布适用于高分辨力雷达，RCS 概率密度分布有较长的拖尾，其概率密度函数表示为

$$p(\sigma) = \frac{1}{\sigma S\sqrt{2\pi}} \exp\left[-\frac{(\ln\sigma - \mu)^2}{2S^2}\right] \tag{2.4}$$

其中，σ 为 RCS 值，μ 为 $\ln\sigma$ 的值，S 为 $\ln\sigma$ 的准差。

对数正态分布曲线如图 2.10 所示。

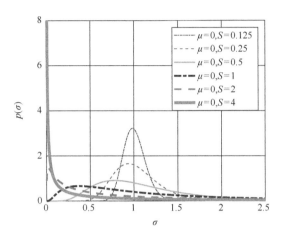

图 2.10　对数正态分布曲线

（2）瑞利分布模型：该分布适用于多个独立且同分布的小散射体的情景，是低分辨力雷达的常用模型，其概率密度函数表示为

$$p(\sigma) = \frac{\sigma}{S^2} \exp\left(-\frac{\sigma^2}{2S^2}\right) \tag{2.5}$$

瑞利分布曲线如图 2.11 所示。

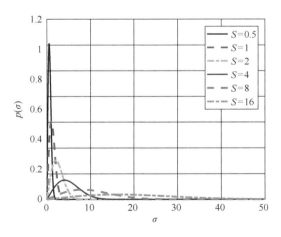

图 2.11　瑞利分布曲线

（3）卡方分布模型：其概率密度函数表示为

$$p(\sigma) = \frac{k}{\Gamma(k)\overline{\sigma}}\left(\frac{k\sigma}{\overline{\sigma}}\right)^{k-1} \exp\left(-\frac{k\sigma}{\overline{\sigma}}\right) \tag{2.6}$$

其中，σ 为 RCS 值，$\bar{\sigma}$ 为 RCS 的均值，k 为卡方分布的双自由度，反映了 RCS 的起伏情况，k 越小说明 RCS 起伏越剧烈。

卡方分布曲线如图 2.12 所示。

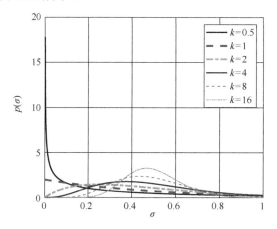

图 2.12　卡方分布曲线

（4）K 分布模型：K 分布适用的条件范围很宽，在不同雷达分辨力和雷达视角下都有很好的适用性。

$$p(\sigma) = \frac{2}{\alpha\Gamma(v)}\left(\frac{\sigma}{2\alpha}\right)^{v} K_{v}\left(\frac{\sigma}{\alpha}\right)(\sigma>0, v>0) \qquad (2.7)$$

其中，σ 为 RCS 值，v 为形状参数，α 为尺度参数，$\Gamma(\cdot)$ 是伽马函数，$K_{v}(\cdot)$ 是第二类修正 v 阶 Bessel 函数。

K 分布曲线如图 2.13 所示。

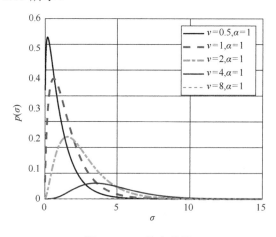

图 2.13　K 分布曲线

（3）主瓣宽度、周期等 RCS 序列波形参数。

RCS 统计参数描述了目标 RCS 序列数值的位置、散布和分布特征，可作为目标隐身设计的参考指标和目标分类的特征。RCS 起伏分布模型可用于目标 RCS 分布特性的研究，以及拓展雷达检测理论。RCS 序列的周期、主瓣宽度等信息可以反映目标的运动和结构特征。

2.2　雷达目标散射中心特性

从物理意义上来说，散射中心理论认为，光学区目标总的电磁散射是由某些局部位置上的电磁散射合成的，这些局部性的散射源被称作散射中心，反映了目标的局部结构特征信息；从数学意义上来说，散射中心对应于散射场积分项的上下限、奇点或驻相点。在光学区，扩展目标上散射中心是客观存在的，与雷达的波形、带宽等感知方式无关。

由于电磁散射机理的不同，扩展目标上往往会存在多种类型的散射中心。多个散射中心散射场的相干叠加使得雷达回波相位波前发生畸变，产生角闪烁噪声，角闪烁特性因此成为扩展目标的基本属性；伴随目标质心运动，扩展目标散射中心的微运动会对雷达回波产生频率调制，呈现目标独一无二的微动特性；常见的 SAR、ISAR 图像通过时间分辨和角度分辨获取了散射中心在成像平面上的投影分布，散射中心的空间分布、频率依赖性、方位依赖性等属性可以通过雷达图像特性综合体现。

2.2.1　散射中心的数学含义

平板虽然是最基础、最简单的结构，但是作为复杂目标的基本部件和 SAR 场景中机场、农田等建筑的抽象模型，其散射特性的研究对目标识别和结构反演是至关重要的。矩形平板的散射中心位置早已经在公开文献给出，目前针对多边形平板散射中心位置的认识大多是经验性的，缺乏理论的推导和系统全面的分析。下面以物理光学法为基础，理论推导了不同入射波方向下多边形平板的散射中心位置；经 SAR 成像仿真验证，散射中心理论推导结果与仿真结果一致。

图 2.14 是多边形平板的散射示意图。

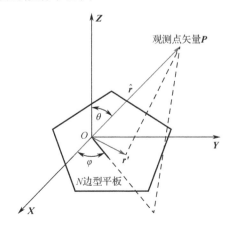

图 2.14　多边形平板的散射示意图

根据斯特兰顿-朱兰成公式得矩形平板的散射场为：

$$E_s(r) \cong 2\iint \{ jw\mu[\hat{n} \times H_i(r')]G + [\hat{n} \cdot E_i(r')]\nabla'G \} dS'$$

$$H_s(r) \cong 2\iint \{ [\hat{n} \times H_i(r')] \times \nabla'G \} dS' \tag{2.8}$$

其中 w 为入射波的角频率，μ 为真空中的磁导率，G 为格林函数，r' 代表多边形平板上任意一点的位置矢量，$\hat{n}$ 代表多边形平板的单位法向量，$H_i(r')$ 和 $E_i(r')$ 分别表示 r' 处入射波的磁场和电场强度，r 为观测点 P 的位置矢量。

在单基地条件下，式（2.8）可以简化为：

$$E_s(r) \cong -2jk\eta k \frac{\exp(jk\|r\|_2)}{4\pi\|r\|_2} \theta \cos\theta H_0 \iint \exp(-2jk_s \cdot r')dS' \tag{2.9}$$

其中，k 为波数 $2\pi/\lambda$，$k_s = k\hat{r}$。

根据 Gordon 法，式（2.9）中的面积分可以转化为线积分的形式：

$$E_s(r) = \sum_{n=1}^{N} A_n T_n \tag{2.10}$$

其中 $M = \hat{r} - (\hat{r} \cdot \hat{n})\hat{n}$，$\hat{r}$ 代表 r 的单位向量，将 M 旋转 $90°$ 得到 M^*；$a_1 \cdots a_N$ 是多边形平板的顶点矢量，设 $a_{N+1} = a_1$，所以 $\Delta a_n = a_{n+1} - a_n$ 表示多边形平板每条边的矢量。

$$\begin{cases} A_n = -j\eta \dfrac{\exp(jk\|r\|_2)}{4\pi\|r\|_2} \cos\theta H_0 \dfrac{M^* \cdot \Delta a_n}{2k\|M\|_2^2 \, M \cdot \Delta a_n} \theta \\[4mm] T_n = \exp(-2jkMa_{n+1}) - \exp(-2jkM \cdot a_n) \\[4mm] M \cdot \Delta a_n \neq 0 \end{cases} \tag{2.11}$$

$$\begin{cases} A_n = -\eta \dfrac{\exp(jk\|r\|_2)}{4\pi\|r\|_2} \cos\theta H_0 \dfrac{M^* \cdot \Delta a_n}{\|M\|_2^2} \mathrm{sinc}(kM \cdot \Delta a_n)\theta \\[4mm] T_n = \exp\left(-2jkM \cdot \dfrac{a_n + a_{n+1}}{2}\right) \\[4mm] M \cdot \Delta a_n = 0 \end{cases} \tag{2.12}$$

当电磁波垂直照射多边形平板时：

$$E_s(r) \cong -2j\eta k \frac{\exp(jk\|r\|_2)}{4\pi\|r\|_2} \cos\theta H_0 A\theta \tag{2.13}$$

其中 A 为多边形平板的面积。

根据雷达成像的知识可知：散射中心的位置信息存在与散射场的相位项中，因此计算散射中心的位置只需关注式（2.11），式（2.12）和式（2.13）中的相位项 T_n。散射中心的位置分布可以分为如下三种情况：

（1）当 $M \cdot \Delta a_n \neq 0$ 时

由式（2.11）可得多边形平板的散射中心为顶点，该类型的散射中心的幅度随方位角的变化缓慢，因此在很大的方位角范围内都能被观测得到。该散射中心类型称为局部型散射中心。

（2） $M \cdot \Delta a_n = 0$

由式（2.12）可知此时的等效散射中心为多边形平板各边长的中点。假设多边形平板位于 xoy 平面内（如图 2.14 所示），此时：

$$M \cdot \Delta a_n = L_n \sin\theta \sin(\varphi - \overline{\varphi}_n) \tag{2.14}$$

其中 L_n 为多边形平板各边长的长度， $\overline{\varphi}_n$ 为该散射中心所能观测到的入射波方位角。将式（2.14）代入式（2.12）中，得散射中心幅度对方位角的依赖项为：

$$E_2 = \mathrm{sinc}[kL_n \sin\theta \sin(\varphi - \overline{\varphi}_n)]\mathrm{e}^{-2jk(x_m \sin\theta \cos\varphi + y_m \sin\theta \sin\varphi)} \tag{2.15}$$

式（2.15）与属性散射中心模型中散射中心幅度对范围角的依赖关系是一致的。

由属性散射模型和上述仿真可知：在 $M \cdot \Delta a_n = 0$ 的情况下，散射中心的位置为该多边形边长的中点，长度为 $L_n \sin\theta$ 。

（3） $M = [0,0]$

由式（2.13）可知此时的相位项为 0，散射中心的等效位置为坐标原点。

为验证上述散射中心位置的理论推导结果，对图 2.15 中的多边形平板进行 SAR 成像仿真。由图 2.16 所示：当入射波的方向设置为图（a）所示时，此时只有一条边会形成分布型的散射中心，其余散射中心对应顶点；当入射波的方向设置为图（b）所示时，入射波不与任何边垂直，所以此时多边形平板的各顶点形成局部型散射中心；当入射波方向设置为图（c）所示时，与入射波垂直的两条边会形成两个分布型散射中心；当入射波方向设置为图（d）所示时，入射波垂直照射多边形平板，该多边形等效为一个位于原点的散射中心。当存在分布型散射中心时，该散射中心的长度为多边形边长实际长度的 $\sin\theta$ 倍，在 SAR 成像仿真中，入射波的俯仰角设置为 30°，所以散射中心的长度为实际边长的一半，该结论可以由图 2.16（a）（c）验证。

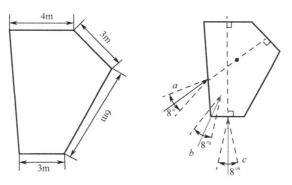

图 2.15 一种特殊多边形平板的几何结构和入射波方向设置

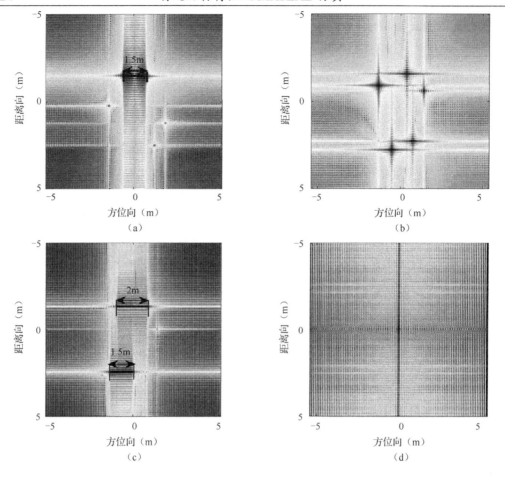

图 2.16　特定多边形平板的 SAR 图像

2.2.2　散射中心的类型与模型

1. 散射中心类型

1976 年，M.E.Bechtel 对目标的局部散射源进行了较为完整的概括，按照对应结构的不同将散射中心分为五大类，下面沿用这种分类并综合各个阶段不同学者的研究成果对主要的散射中心类型进行简单介绍。

（1）**镜面散射型**：平板、单曲面和双曲面都能产生镜面型散射中心。其中平板对应的散射中心具有很强的方向性，法向的散射强度远远大于其他方向；单曲面型散射体在纵切面内具有很强的方向性，而在横切面内散射图均匀；双曲面型散射体的方向图很宽。后两种散射结构对应的散射中心位置随观测视角而变化，是典型的滑动型散射中心。

（2）**边缘散射中心**：包括一阶边缘（如棱）、二阶边缘（指一阶导数连续二阶导数不连续的形体，如锥球体的半球和锥体结合部），这类散射中心的位置也随观测视角沿某些与目标轮廓有关的空间曲线滑动。

（3）**多次反射型**：进一步将它分成两类：非色散型多次反射结构和腔体结构，前者包括角型结构和大的腔体（电尺寸远大于雷达波长），它们在横向上的位置通常位于整个反射链路上的第一个面元和最后一个面元之间，纵向位置则由整个反射链路的总长度决定，并且该多次反射结构形成的所有射线具有相同的纵向和横向位置，因此非色散型多次散射结构在雷达图像上表现为一个点散射中心，但这个点散射中心的散射强度和位置随观测方向改变。不同于前面两种滑动型散射中心的是，它的位置改变可能是不连续的。当腔体结构的任何一维尺寸与雷达波长同量级时，它成为一个显著的色散型散射结构，其相位特性随频率而变化，因此造成纵向图像的模糊和展布。

（4）**尖顶型**：光滑表面的微小突出亦属此类。当姿态角变化时，它在目标上的具体位置固定，因此分析这些散射中心的位移可以推断目标绕质心的运动特性。这类散射中心的散射能量通常与频率平方成反比关系，在光学区的散射要弱于前几类散射中心，但它的方向图较宽，是目标最主要的稳定点散射中心。

（5）**行波和爬行波产生的散射中心**：它们也具有色散性，并且在高频区的散射强度通常都比较低。

2. 散射中心模型

对雷达目标散射中心模型的研究始于 20 世纪 50 年代，起源于科学家对电磁散射机理的研究。最初，雷达系统的分辨率较低，可将目标近似看作一个理想的点散射中心，该散射中心位于一个固定点，且幅度与入射频率和方位角无关。然而，随着雷达系统分辨率的提高和电磁散射机理研究的深入，人们发现目标的散射中心种类繁多且广泛分布于目标的不同部位，甚至有时会位于目标的几何结构之外，且散射中心的散射幅度、相位与雷达工作模式、频带、视线方向、极化方式等紧密相关。

目前，国外公开文献中具有代表性的单基地散射中心模型包括以下几种。

（1）早期的点散射中心模型表达式如下所示：

$$E(f,\xi) = A \cdot \exp\left[-\mathrm{j}\frac{4\pi f}{c}\boldsymbol{r} \cdot \hat{\boldsymbol{r}}_{\mathrm{los}}\right] \tag{2.16}$$

其中 $E(\cdot)$ 表示目标的散射场，其为入射波频率 f 和雷达方位角 ξ 的函数。$\hat{\boldsymbol{r}}_{\mathrm{los}}$ 表示目标本地坐标系中的雷达视线方向矢量，$\xi = \xi(\theta,\varphi)$ 为雷达视线的空间角，θ,φ 分别为雷达视向的俯仰角和方位角。$\boldsymbol{r}$ 为散射中心位置矢量，A 为散射中心散射幅度，在该模型中，两者均设为常数。

（2）衰减指数模型

随着雷达系统分辨率的提高和电磁散射机理研究的深入，点目标的假设不再成立，散射中心模型需要准确描述散射中心响应与频率和雷达方位角之间的依赖关系。1976年，M.E.Bechtel 按照散射结构的不同将散射中心分为 5 大类，分别为镜面散射型、边缘散射型、多次反射型、尖顶型以及行波和爬行波绕射型散射中心，并总结了相应散射系数的解析近似表达式；1979 年 E.K.Miller 等首先提出了非点目标上散射中心对频率依赖关系的衰减指数模型，其表达式如下所示：

$$E(f, \xi) = \sum_{i=1}^{N} A_i \cdot \exp(\gamma_i f) \cdot \exp(\beta_i \varphi) \exp\left[-\mathrm{j} \frac{4\pi f}{c} \boldsymbol{r} \cdot \hat{\boldsymbol{r}}_{\mathrm{los}} \right] \tag{2.17}$$

式中 $i = 1 \cdots N$ 为散射中心编号，γ_i 代表了散射中心幅度的频率依赖因子，β_i 代表了其方位依赖因子。

（3）基于 GTD 的散射中心模型

1995 年，L.C.Potter 等将几何绕射理论的幂函数 $(\mathrm{j}f/f_c)^\alpha$ 引入散射中心模型，提出了基于 GTD 的散射中心模型，其中 α 为 1/2 的整数倍，j 为虚数单位。

GTD 散射中心模型的数学表达式如下所示：

$$E(f, \xi) = \sum_{i=1}^{N} A_i \cdot \left(\frac{\mathrm{j}k}{k_c} \right)^\alpha \exp\left[-\mathrm{j} \frac{4\pi f}{c} \boldsymbol{r} \cdot \hat{\boldsymbol{r}}_{\mathrm{los}} \right] \tag{2.18}$$

式中，k 为入射波波数，α 为模型的频率依赖因子。GTD 模型给出了镜面散射、边缘绕射、角绕射等所形成的散射中心属性表达式，但不能描述散射中心幅度随观测方位的变化，因此具有很大的局限性。

（4）属性散射中心模型

1997 年，L.C.Potter 等又在 GTD 散射中心模型的基础上增加了对散射中心幅度与散射中心类型、雷达观测方位关系的描述，该模型包含两个幅度的描述函数：指数衰减函数和 sinc 函数，分别对应局部型散射中心和分布型散射中心。分布型散射中心主要包括平板反射、柱面反射等；局部型散射中心主要指三面体反射、角绕射、边缘绕射等。属性散射中心模型的数学表达式如下：

$$\begin{aligned}
E(f, \xi) = \sum_{i=1}^{N} A_i \cdot \left(\frac{\mathrm{j}k}{k_c} \right)^\alpha \cdot \exp(-2\pi f \gamma_i \sin\varphi) \cdot \mathrm{sinc}\left(\frac{2\pi f}{c} L_i \sin(\varphi - \overline{\varphi_i}) \right) \cdot \\
\exp\left[-\mathrm{j} \frac{4\pi f}{c} \boldsymbol{r} \cdot \hat{\boldsymbol{r}}_{\mathrm{los}} \right]
\end{aligned} \tag{2.19}$$

其中 f_c 表示中心频率，γ_i 为局部型散射中心的幅度衰减因子，L_i 表示分布型散射中心的长度，对于局部型散射中心 $L_i = 0$，$\overline{\varphi_i}$ 表示分布型散射中心的可观测角度，两个参数主要针对分布型散射中心设置。

（5）滑动散射中心模型：

虽然属性散射中心模型很好地描述了局部型散射中心和分布型散射中心，但是由于幅度项 A_i 和散射中心位置矢量 $\boldsymbol{r}$ 不随观测视角 ξ 的变化而变化，因此不能很好地表述滑动型散射中心这一类散射中心模型。针对属性散射中心模型的不足，有人提出了多项式描述幅度起伏的模型，以及针对滑动型散射中心的模型，很好地描述了滑动散射中心的复杂特性，其数学表述为：

$$E(f,\xi) = \sum_{i=1}^{N} A_i(\xi, \boldsymbol{P}, \boldsymbol{Q}) \cdot \left(\frac{\mathrm{j}k}{k_c}\right)^{\alpha} \cdot \exp\left[-\mathrm{j}\frac{4\pi f}{c}\boldsymbol{r}(\xi)\cdot\hat{r}_{\mathrm{los}}\right] \tag{2.20}$$

$$A_i(\xi, \boldsymbol{P}, \boldsymbol{Q}) = \frac{\displaystyle\sum_{i=0}^{N} P_i \xi^i}{\displaystyle\sum_{i=0}^{M} Q_i \xi^i}$$

其中 $\boldsymbol{P} = [P_0, P_1, P_2 \cdots P_N]$ 和 $\boldsymbol{Q} = [Q_0, Q_1, Q_2 \cdots Q_M]$ 为多项式系数向量，根据基于模型的参数估计原理，分数多项式方程可用于拟合任何有理方程，所以可以用来表示滑动散射中心复杂的幅度变化情况，并且散射中心的幅度 A_i 和位置矢量 $\boldsymbol{r}_i$ 都是关于方位角 ξ 的函数。N 和 M 的值越大即式中阶数越高，则更加适合描述目标复杂的幅度起伏。这一散射中心模型也可以描述位置固定的散射中心，如前面提到的局部型散射中心，幅度随方位的变化不剧烈时，可以采用低阶有理多项式描述。

（6）表面波散射中心模型：

以上的散射中心模型主要针对单站的情况，而对于双站雷达，一般采用单、双基地等效原理，将单站散射中心模型直接推广到双站情况。在单站雷达系统，有些弱散射中心（如爬行波和行波散射中心）对于散射场的贡献很小，一般可以忽略不计，因此模型中一般没有考虑。然而随着研究的深入发现，在双站雷达系统中，爬行波和行波形成的散射中心，其散射幅度在某些观测场景下（尤其是双站角大于等于 90°时）贡献较强，不能忽略，必须要在模型中加以补充，因此有人提出了描述此类散射中心的爬行波散射中心模型。

当平面电磁波入射到单曲面上时，如圆锥侧壁，电磁波在其表面爬行并沿绕射线切线方向不断辐射能量，出射点为母线与出射绕射线的交点，且在固定的双基地角下，雷达接收到的爬行波的传播距离相同，故其所形成的散射中心可等效为分布型散射中心，等效的单站散射中心模型为：

$$E^s(\xi_b, f) = \overline{A}(L_0, f)\sin c\left(\frac{2\pi f}{c}L\sin(\xi_b - \overline{\xi}_i)\right)\cdot\exp\left(-\mathrm{j}\frac{4\pi f}{c}\cos\frac{\beta}{2}\boldsymbol{r}\cdot\hat{r}_b\right) \tag{2.21}$$

当平面电磁波入射到高次曲面，如椭球面上时，爬行波的绕射线不再平行，只有指向雷达接收方向的电磁波可以被观测和接收，且不同的观测角下接收到的爬行波的传播距离不同，因此等效的散射中心位置随着观测角的改变而在曲面上滑动，故此时爬行波形成的散射中心为滑动型散射中心，其散射中心模型为：

$$E^s(\xi_b, f) = \overline{A}(L_0, f)\cdot\exp\left(-\mathrm{j}\frac{4\pi f}{c}\cos\frac{\beta}{2}\boldsymbol{r}_i\cdot\hat{r}_b\right) \tag{2.22}$$

式（2.21）和式（2.22）中，β 为双基地角，$\hat{r}_b$ 为双站角的角平分线方向的单位矢量，$\xi_b = (\theta_b, \varphi_b)$ 表示 $\hat{r}_b$ 的空间方位，$\boldsymbol{r}$ 为爬行波等效散射中心位置矢量。$\overline{A}(\cdot)$ 是一标量，表示散射中心幅度，L 为分布型散射中心长度，其与散射体的实际分布长度有关，L_0 为表面爬行距离。爬行波在目标表面爬行过程中沿绕射的切线方向不断辐射能量，因此幅

度 $\overline{A}(\cdot)$ 与爬行距离 L_0 和入射波频率 f 相关。

上述散射中心类型和散射中心模型关系图如图 2.17 所示。

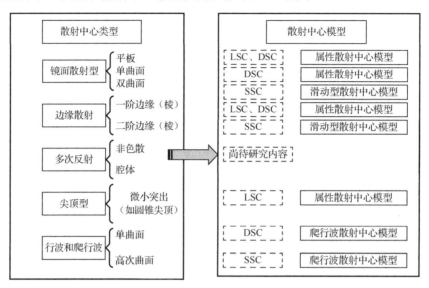

图 2.17　散射中心类型和散射中心模型对应关系图

2.3　雷达目标极化散射特性

目标的极化响应包含了雷达目标姿态、结构、材料等精细结构信息。雷达极化学已经从最初基于"时谐性"假设的完全极化理论逐步发展到满足一定窄带条件的部分极化理论，再发展到国防科大王雪松教授在雷达宽带、超宽带信号上建立的瞬态极化理论。雷达极化学经过几十年的发展，逐渐形成理论体系，具备极化测量能力的雷达成为未来发展的主流趋势。

2.3.1　完全极化电磁波的表征

1. Jones 矢量

对于沿 +z 方向传播的 TEM 波，电场矢量的振动方向与传播方向垂直，任意电场矢量方向可以由二维平面内的两个正交的极化基表示为式（2.23）。

$$\boldsymbol{E}(t,z,w) = \begin{bmatrix} E_x e^{j\varphi_x} \\ E_y e^{j\varphi_y} \end{bmatrix} \cdot e^{[j(wt-kz)]} \qquad (2.23)$$

式（2.23）中，E_x，φ_x 为水平极化基上电场分量的幅度和初始相位；E_y，φ_y 为垂直方向极化基上电场分量的幅度和初始相位；k 为电磁波波数。

对于单色 TEM 电磁波而言，随时间和空间传播引起的相位项变化 $e^{[j(wt-kz)]}$ 没有携带电磁波的任何信息，因此在表征电磁波极化状态时可以省去。因此，单次电磁波的电场矢量可以表征为：

$$\boldsymbol{E} = \begin{bmatrix} E_x \mathrm{e}^{\mathrm{j}\varphi_x} \\ E_y \mathrm{e}^{\mathrm{j}\varphi_y} \end{bmatrix} \qquad (2.24)$$

式（2.24）被称为该单色电磁波的 Jones 矢量。Jones 矢量同时包含了电磁波的幅度和相位信息，为二维复向量。

2．极化比

电磁波的极化比定义为电场矢量在两个正交极化基上分解系数的比值，即

$$\rho = \frac{E_y}{E_x} \mathrm{e}^{\mathrm{j}(\varphi_y - \varphi_x)} \qquad (2.25)$$

极化比进一步忽略了电磁波的"绝对幅度""绝对相位"信息，只保留了两个极化通道的相对信息。

3．极化相位描述子

与极化比等价，极化相位描述子将极化比的幅度用一个角度的正切值联系起来：

$$\rho = \frac{E_y}{E_x} \mathrm{e}^{\mathrm{j}(\varphi_y - \varphi_x)} = \tan\gamma \mathrm{e}^{\mathrm{j}\phi} \qquad (2.26)$$

式中，$\gamma \in \left[0, \dfrac{\pi}{2}\right]$，$\phi \in [0, 2\pi]$。

4．极化椭圆几何描述子

TEM 电磁波电场的两个正交极化分量为：

$$\begin{cases} E_x = |E_x| \cos(wt + \varphi_x) \\ E_y = |E_y| \cos(wt + \varphi_y) \end{cases} \qquad (2.27)$$

将式（2.27）中的时间变量项 wt 消去，得到如下函数关系：

$$\frac{E_x^{\;2}}{|E_x|^2} - 2\frac{E_x}{|E_x|}\frac{E_y}{|E_y|}\cos\phi + \frac{E_y^{\;2}}{|E_y|^2} = \sin^2\phi \qquad (2.28)$$

式（2.28）表明将一个周期内的 TEM 电磁波极化方向投影到同一等相位面上为椭圆，如图 2.18 所示。该极化椭圆可以由椭圆倾角 φ 和椭圆率 τ 确定。

下面将推导椭圆倾角 φ 和椭圆率 τ 与两个电场极化分量的关系。

坐标系 xoy 中一点旋转到坐标系 MON 中为：

$$\begin{bmatrix} E_m \\ E_n \end{bmatrix} = \begin{bmatrix} \cos\varphi & -\sin\varphi \\ \sin\varphi & \cos\varphi \end{bmatrix} \begin{bmatrix} E_x \\ E_y \end{bmatrix} \qquad (2.29)$$

所以

$$\begin{cases} E_x = E_m \cos\varphi + E_n \sin\varphi \\ E_y = -E_m \sin\varphi + E_n \cos\varphi \end{cases} \qquad (2.30)$$

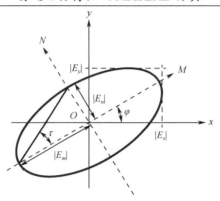

图 2.18　极化椭圆示意图

将式（2.30）代入式（2.28）得到坐标系 *MON* 中极化椭圆的函数表达式，由于坐标系 *MON* 的坐标轴与椭圆的长短轴重合，因此坐标系 *MON* 中的极化椭圆函数表达式为标准形式：

$$\frac{E_m^{\ 2}}{\left|E_m\right|^2}+\frac{E_n^{\ 2}}{\left|E_n\right|^2}=1 \tag{2.31}$$

根据变量的"交叉项"系数为 0 得：

$$\frac{2\sin\varphi\cos\varphi}{\left|E_x\right|^2}-\frac{2(\cos^2\varphi-\sin^2\varphi)\cos\phi}{\left|E_x\right|\left|E_y\right|}-\frac{2\sin\varphi\cos\varphi}{\left|E_y\right|^2}=0 \tag{2.32}$$

公式（2.32）简化得：

$$\frac{\sin(2\varphi)}{\left|E_x\right|^2}-\frac{2\cos(2\varphi)\cos\phi}{\left|E_x\right|\left|E_y\right|}-\frac{\sin(2\varphi)}{\left|E_y\right|^2}=0 \tag{2.33}$$

公式（2.33）左右同时除以 $\cos(2\varphi)$ 得：

$$\frac{\tan(2\varphi)}{\left|E_x\right|^2}-\frac{2\cos\phi}{\left|E_x\right|\left|E_y\right|}-\frac{\tan(2\varphi)}{\left|E_y\right|^2}=0 \tag{2.34}$$

求解一元一次方程得：

$$\tan(2\varphi)=\frac{2\left|E_x\right|\left|E_y\right|\cos\phi}{\left|E_x\right|^2-\left|E_y\right|^2} \tag{2.35}$$

将式（2.30）代入式（2.28）展开得：

$$\begin{cases}\left(\dfrac{\cos^2\varphi}{\left|E_x\right|^2}+\dfrac{2\sin\varphi\cos\varphi}{\left|E_x\right|\left|E_y\right|}\cos\phi+\dfrac{\sin^2\varphi}{\left|E_y\right|^2}\right)\dfrac{1}{\sin^2\phi}=\dfrac{1}{\left|E_m\right|^2}\\[4mm]\left(\dfrac{\sin^2\varphi}{\left|E_x\right|^2}-\dfrac{2\sin\varphi\cos\varphi}{\left|E_x\right|\left|E_y\right|}\cos\phi+\dfrac{\cos^2\varphi}{\left|E_y\right|^2}\right)\dfrac{1}{\sin^2\phi}=\dfrac{1}{\left|E_n\right|^2}\end{cases} \tag{2.36}$$

根据公式（2.36）容易得：

$$\left(\frac{1}{\left|E_x\right|^2}+\frac{1}{\left|E_y\right|^2}\right)\frac{1}{\sin^2\phi}=\frac{1}{\left|E_m\right|^2}+\frac{1}{\left|E_n\right|^2} \tag{2.37}$$

由于电磁波的能量与极化坐标系的选取无关，所以得到：

$$\left|E_x\right|^2+\left|E_y\right|^2=\left|E_m\right|^2+\left|E_n\right|^2 \tag{2.38}$$

椭圆率的定义为：

$$\tan\tau=\frac{\left|E_n\right|}{\left|E_m\right|} \tag{2.39}$$

三角变换恒等式：

$$\sin(2\tau)=\frac{2\tan\tau}{1+\tan^2\tau}=\frac{2\left|E_n\right|\left|E_m\right|}{\left|E_m\right|^2+\left|E_n\right|^2} \tag{2.40}$$

结合式（2.37）、式（2.38），可以得到：

$$\left|E_m\right|\left|E_n\right|=\left|E_x\right|\left|E_y\right|\sin\phi \tag{2.41}$$

进一步得到：

$$\sin(2\tau)=\frac{2\left|E_x\right|\left|E_y\right|\sin\phi}{\left|E_x\right|^2+\left|E_y\right|^2} \tag{2.42}$$

建立电磁波传播坐标系，电磁波传播方向为 z 轴，初始时刻电磁波极化矢量方向为 x 轴，（x、y、z）构成右手坐标系，如图 2.19 所示。

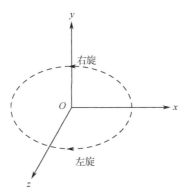

图 2.19　电磁波极化旋向示意图

与电磁波传播方向垂直的横截面内，两个正交的电场分量为：

$$\begin{cases}E_x=\left|E_x\right|\cos(wt-kz+\varphi_x)\\E_y=\left|E_y\right|\cos(wt-kz+\varphi_y)\end{cases} \tag{2.43}$$

式（2.43）中"–"号说明电磁波沿 z 轴正方向传播。

为了推导极化椭圆旋向与相位差 $\phi=\varphi_y-\varphi_x$ 的关系，设 $\beta=wt-kz$，则 t 时刻极化矢量与 x 轴的夹角为：

$$\theta = \arctan\left(\frac{E_y}{E_x}\right) = \arctan\left(\frac{|E_y|\cos(\beta+\varphi_y)}{|E_x|\cos(\beta+\varphi_x)}\right) \tag{2.44}$$

电磁波的旋向与 θ 的大小变化有关，如图 2.19 所示，若 θ 随着电磁波的传播逐渐增大，极化椭圆的旋转方向为右旋，相反为左旋，所以求 θ 关于时间 t 的导数为：

$$\frac{\partial\theta}{\partial t} = \frac{\partial\theta}{\partial\beta}\frac{\partial\beta}{\partial t} = \frac{-|E_x||E_y|w\sin\phi}{|E_x|^2\cos^2(\beta+\varphi_x) + |E_y|^2\cos^2(\beta+\varphi_y)} \tag{2.45}$$

由式（2.45）可知，极化椭圆的旋向仅与两正交电场分量的相位差有关。当 $\phi < 0$，则 $\dfrac{\partial\theta}{\partial t} > 0$，$\theta$ 随着电磁波的传播逐渐增大，极化椭圆的旋向为右旋；当 $\phi > 0$，则 $\dfrac{\partial\theta}{\partial t} < 0$，$\theta$ 随着电磁波的传播逐渐减小，极化椭圆的旋向为左旋。

$$\begin{cases} \phi < 0, \text{右旋} \\ \phi > 0, \text{左旋} \end{cases} \tag{2.46}$$

物理意义的理解：由简谐波波动方程出发来理解，电磁波沿 z 轴正方向传播，所以正方向处某位置的 P 点相对于原点的相位是"滞后"的，所以式（2.43）中，"kz"前的符号项为"$-$"。相同的道理，若极化椭圆的旋向为右旋，则 E_y 分量的相位是滞后于 E_x 分量的，因此 $\phi < 0$。

5. Stokes 矢量

椭圆率为 τ，椭圆旋向为 φ 的电磁波极化用 Stokes 矢量表示为：

$$\mathbf{g} = \begin{bmatrix} g_0 \\ g_1 \\ g_2 \\ g_3 \end{bmatrix} = \begin{bmatrix} E_x^2 + E_y^2 \\ E_x^2 - E_y^2 \\ 2E_xE_y\cos\phi \\ 2E_xE_y\sin\phi \end{bmatrix} = \begin{bmatrix} A^2 \\ A^2\cos(2\tau)\cos(2\varphi) \\ A^2\cos(2\tau)\sin(2\varphi) \\ A^2\sin(2\tau) \end{bmatrix} \tag{2.47}$$

由式（2.47）可知，电磁波的极化状态可以用球坐标系的三个坐标来表示（极半径长度 A，俯仰角 τ，方位角 φ），这个表示电磁波极化状态的球被称为 Poincare 球，如图 2.20 所示，散射矩阵 $\mathbf{S} = \begin{bmatrix} 2\mathrm{j} & 0.5 \\ 0.5 & -\mathrm{j} \end{bmatrix}$ 为目标最优极化状态在 Poincare 球上的分布。

Stokes 矢量 $[g_0, g_1, g_2, g_3]$ 中 g_0 代表电磁波的总能量，g_1 为水平或垂直极化分量能量；g_2 为 45° 线极化或 135° 线极化分量能量；g_3 为左旋或右旋圆极化分量能量。为什么总能量要分解到水平/垂直、斜 45°/135° 线极化、左旋/右旋圆极化三个基上去。这个可以从 Poincare 球的三个坐标轴去理解：x 轴（$\tau = 0$，$\varphi = 0°$ 或 180°）代表水平/垂直极化波；y 轴（$\tau = 0$，$\varphi = 90°$ 或 270°）代表斜 45°/135° 线极化极化波；z 轴（$\tau = 45°$ 或 $-45°$，$\varphi =$ 任意）代表左旋/右旋圆极化电磁波。

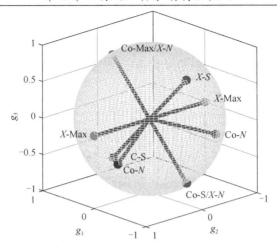

图 2.20　最佳极化在 Poincare 球上的分布

2.3.2　雷达目标极化散射特性的表征

1. 散射矩阵

雷达散射截面积和散射系数与入射波和散射波的极化状态有关。一组正交的 Jones 矢量可以组成一组极化基。以单一频率随时间变化的平面电磁波的极化状态都可以用一组正交极化基表示。假设目标极化散射矩阵为 S，入射和散射电磁波 Jones 矢量分别为 E_I，E_S，远场目标散射过程表示为：

$$E_S = \frac{\mathrm{e}^{-jkr}}{r} S E_I = \frac{\mathrm{e}^{-jkr}}{r} \begin{bmatrix} S_{HH} & S_{HV} \\ S_{VH} & S_{VV} \end{bmatrix} E_I \tag{2.48}$$

水平垂直极化基下的目标极化散射矩阵为：

$$S = \begin{bmatrix} S_{HH} & S_{HV} \\ S_{VH} & S_{VV} \end{bmatrix} \tag{2.49}$$

式（2.49）中，S_{HH} 表示水平发射水平接收，S_{VV} 表示垂直发射垂直接收，它们表示的是同极化通道回波的复散射系数；S_{HV}、S_{VH} 分别为垂直发射水平接收以及水平发射垂直接收，它们表示的是交叉极化通道回波的复散射系数。

2. Kennaugh 矩阵和 Muller 矩阵

在极化基础理论中，K 矩阵和 M 矩阵经常会被学者误用，两个概念混淆或者误认为是一个矩阵只是两个名字而已。实际上 K 矩阵和 M 矩阵从定义上就有所不同。

下面的推导将会用到 Kronecker 积的一些性质：

$$\begin{cases} \mathrm{vec}(ABC) = (A \otimes C^{\mathrm{T}})\mathrm{vec}(B) \\ (AC) \otimes (BD) = (A \otimes B)(C \otimes D) \end{cases} \tag{2.50}$$

K 矩阵是从接收天线能量的角度定义的，即

$$P = \frac{1}{2} g_{\mathrm{R}}^{\mathrm{T}} K g_{\mathrm{T}} \tag{2.51}$$

其中，$\boldsymbol{g}_R$ 和 $\boldsymbol{g}_T$ 分别是接收天线和发射天线极化状态的 Stokes 矢量。

假设发射天线极化状态的 Jones 矢量为 $\boldsymbol{e}_T = [E_{Th}, E_{Tv}]^T$，接收天线极化状态的 Jones 矢量为 $\boldsymbol{e}_R = [E_{Rh}, E_{Rv}]^T$，目标的散射矩阵为 $\boldsymbol{S}$，则根据电压方程，接收天线上的感应电压为：

$$V = \boldsymbol{e}_R^{\ T} \boldsymbol{S} \boldsymbol{e}_T \tag{2.52}$$

由于功率和电压幅度的平方成正比，所以可以认为 $P = V^2$，展开得：

$$P = VV^* = (\boldsymbol{e}_R^{\ T} \boldsymbol{S} \boldsymbol{e}_T) \cdot (\boldsymbol{e}_R^{\ T} \boldsymbol{S} \boldsymbol{e}_T)^* \tag{2.53}$$

因为电压的幅度为一常数，即 $V = V^T$，所以式（2.53）还可以写为：

$$P = (\boldsymbol{e}_T^{\ T} \boldsymbol{S}^T \boldsymbol{e}_R) \cdot (\boldsymbol{e}_R^{\ T} \boldsymbol{S} \boldsymbol{e}_T)^* \tag{2.54}$$

$$P = \boldsymbol{e}_T^{\ T} \boldsymbol{S}^T (\boldsymbol{e}_R \boldsymbol{e}_R^{\ T*}) \boldsymbol{S}^* \boldsymbol{e}_T^{\ *} \tag{2.55}$$

将 $(\boldsymbol{e}_R \boldsymbol{e}_R^{\ T*})$ 用矩阵 $\boldsymbol{J}_R$ 表示，并根据式（2.50）中 Kronecker 积的性质得：

$$P = \boldsymbol{e}_T^{\ T} \boldsymbol{S}^T \otimes (\boldsymbol{S}^* \boldsymbol{e}_T^{\ *})^T \text{vec}(\boldsymbol{J}_R) \tag{2.56}$$

$$P = (\boldsymbol{e}_T^{\ T} \boldsymbol{S}^T) \otimes (\boldsymbol{e}_T^{\ T*} \boldsymbol{S}^{T*}) \text{vec}(\boldsymbol{J}_R) \tag{2.57}$$

$$P = (\boldsymbol{e}_T^{\ T} \otimes \boldsymbol{e}_T^{\ T*}) \cdot (\boldsymbol{S}^T \otimes \boldsymbol{S}^{T*}) \text{vec}(\boldsymbol{J}_R) \tag{2.58}$$

$$P = P^T = \text{vec}(\boldsymbol{J}_R)^T \cdot (\boldsymbol{S} \otimes \boldsymbol{S}^*) \cdot (\boldsymbol{e}_T \otimes \boldsymbol{e}_T^{\ *}) \tag{2.59}$$

$$P = P^T = \text{vec}(\boldsymbol{J}_R)^T \cdot (\boldsymbol{S} \otimes \boldsymbol{S}^*) \cdot \text{vec}(\boldsymbol{J}_T) \tag{2.60}$$

由于 $\text{vec}(\boldsymbol{J}_R) = \overrightarrow{\boldsymbol{J}_R} = [E_{Rh} \cdot E_{Rh}^{\ *}, E_{Rh} \cdot E_{Rv}^{\ *}, E_{Rv} \cdot E_{Rh}^{\ *}, E_{Rv} \cdot E_{Rv}^{\ *}]^T$，$\text{vec}(\boldsymbol{J}_T)$ 类似。$\overrightarrow{\boldsymbol{J}_R}$、$\overrightarrow{\boldsymbol{J}_T}$ 和 $\boldsymbol{g}_R$、$\boldsymbol{g}_T$ 的关系为：

$$\begin{cases} \boldsymbol{g}_R = \boldsymbol{A} \overrightarrow{\boldsymbol{J}_R} \\ \boldsymbol{g}_T = \boldsymbol{A} \overrightarrow{\boldsymbol{J}_T} \end{cases} \tag{2.61}$$

$$\boldsymbol{A} = \begin{bmatrix} 1 & 0 & 0 & 1 \\ 1 & 0 & 0 & -1 \\ 0 & 1 & 1 & 0 \\ 0 & j & -j & 0 \end{bmatrix} \tag{2.62}$$

将式（2.61）代入式（2.60）得：

$$P = P^T = (\boldsymbol{A}^{-1} \boldsymbol{g}_R)^T \cdot (\boldsymbol{S} \otimes \boldsymbol{S}^*) \boldsymbol{A}^{-1} \boldsymbol{g}_T \tag{2.63}$$

$$P = \boldsymbol{g}_R^{\ T} (\boldsymbol{A}^{-1})^T \cdot (\boldsymbol{S} \otimes \boldsymbol{S}^*) \boldsymbol{A}^{-1} \boldsymbol{g}_T \tag{2.64}$$

因为

$$\boldsymbol{A}^{-1} = \frac{1}{2} \boldsymbol{A}^{*T} \tag{2.65}$$

所以

$$P = \frac{1}{2} \boldsymbol{g}_R^{\ T} \boldsymbol{A}^* (\boldsymbol{S} \otimes \boldsymbol{S}^*) \boldsymbol{A}^{-1} \boldsymbol{g}_T \tag{2.66}$$

根据式（2.51），所以可得：$\boldsymbol{K} = \boldsymbol{A}^* (\boldsymbol{S} \otimes \boldsymbol{S}^*) \boldsymbol{A}^{-1}$。

与之不同的是 $\boldsymbol{M}$ 矩阵的作用类似于 $\boldsymbol{S}$ 矩阵，是入射和散射电磁波极化状态 Stokes 矢量的映射关系，即

$$\boldsymbol{g}_S = \boldsymbol{M}\boldsymbol{g}_T \tag{2.67}$$

根据散射方程

$$\boldsymbol{e}_S = \boldsymbol{S}\boldsymbol{e}_T \tag{2.68}$$

$$\boldsymbol{e}_S\boldsymbol{e}_S^{*T} = \boldsymbol{S}\boldsymbol{e}_T(\boldsymbol{S}\boldsymbol{e}_T)^{*T} \tag{2.69}$$

$$\boldsymbol{e}_S\boldsymbol{e}_S^{*T} = \boldsymbol{S}\boldsymbol{e}_T\boldsymbol{e}_T^{*T}\boldsymbol{S}^{*T} \tag{2.70}$$

根据式（2.50）中 Kronecker 积的性质得：

$$\overrightarrow{\boldsymbol{J}_S} = (\boldsymbol{S} \otimes \boldsymbol{S}^*)\overrightarrow{\boldsymbol{J}_T} \tag{2.71}$$

将式（2.61）代入式（2.71）得：

$$\boldsymbol{g}_S = \boldsymbol{A}(\boldsymbol{S} \otimes \boldsymbol{S}^*)\boldsymbol{A}^{-1}\boldsymbol{g}_T \tag{2.72}$$

令 $\boldsymbol{M} = \boldsymbol{A}(\boldsymbol{S} \otimes \boldsymbol{S}^*)\boldsymbol{A}^{-1}$，可得式（2.67）。

3. 相干矩阵和协方差矩阵

目标的相干矩阵定义为：

$$\boldsymbol{T} = \left\langle \boldsymbol{k}\boldsymbol{k}^{\mathrm{H}} \right\rangle \tag{2.73}$$

其中 $\langle \cdot \rangle$ 代表时间或空间平均运算；$\boldsymbol{k}$ 为目标的散射矢量。

$$\boldsymbol{k} = \frac{1}{\sqrt{2}}[S_{\mathrm{HH}} + S_{\mathrm{VV}}, S_{\mathrm{HH}} - S_{\mathrm{VV}}, S_{\mathrm{HV}} + S_{\mathrm{VH}}, \mathrm{j}(S_{\mathrm{HV}} - S_{\mathrm{VH}})]^{\mathrm{T}} \tag{2.74}$$

Pauli 基下的散射矢量如式（2.74）所示，散射矢量 $\boldsymbol{k}$ 中的每个元素是 $\boldsymbol{S}$ 矩阵在每个 Pauli 基下"相干分解"的系数，因此相干矩阵 $\boldsymbol{T} = \boldsymbol{k}\boldsymbol{k}^{\mathrm{H}}$ 描述了目标不同散射机理之间的联系，其中 $\boldsymbol{T}$ 矩阵的"相干"二字暗含了相干分解的流程。由于目标的散射机理通常属于奇次散射、二面角散射、体散射或螺旋体散射中的一种或是组合形式，所以 $\boldsymbol{T}$ 矩阵可以很好地反映散射机理层面的目标特性。

对于单基地雷达，目标的散射矩阵是对称的，所以散射矢量 $\boldsymbol{k} = \frac{1}{\sqrt{2}}[S_{\mathrm{HH}} + S_{\mathrm{VV}},$ $S_{\mathrm{HH}} - S_{\mathrm{VV}}, 2S_{\mathrm{HV}}]^{\mathrm{T}}$，其中系数项 $1/\sqrt{2}$ 是为了保证目标的散射总能量保持不变，即

$$\begin{aligned} \mathrm{Span}(\boldsymbol{S}) &= |S_{\mathrm{HH}}|^2 + |S_{\mathrm{VH}}|^2 + |S_{\mathrm{HV}}|^2 + |S_{\mathrm{VV}}|^2 \\ &= \boldsymbol{k}^{\mathrm{H}}\boldsymbol{k} = |\boldsymbol{k}|^2 \end{aligned} \tag{2.75}$$

且根据散射矢量的定义，目标的散射矩阵还可以由散射矢量表示为

$$\boldsymbol{S} = \begin{bmatrix} S_{\mathrm{HH}} & S_{\mathrm{HV}} \\ S_{\mathrm{VH}} & S_{\mathrm{VV}} \end{bmatrix} = \frac{1}{\sqrt{2}}\begin{bmatrix} k_1 + k_2 & k_3 - \mathrm{j}k_4 \\ k_3 + \mathrm{j}k_4 & k_1 - k_2 \end{bmatrix} \tag{2.76}$$

将 $\boldsymbol{T}$ 矩阵用 Huynen 参数可以表示为：

$$\boldsymbol{T} = \begin{bmatrix} 2A_0 & C - \mathrm{j}D & H + \mathrm{j}G & L - \mathrm{j}K \\ C + \mathrm{j}D & B_0 + B & E + \mathrm{j}F & M - \mathrm{j}N \\ H - \mathrm{j}G & E - \mathrm{j}F & B_0 - B & J + \mathrm{j}I \\ L + \mathrm{j}K & M + \mathrm{j}N & J - \mathrm{j}I & 2A \end{bmatrix} \tag{2.77}$$

由式可知，$\boldsymbol{T}$ 矩阵为秩为 1 的 Hermite 矩阵。根据矩阵理论，矩阵的秩是最高阶非

零子式的阶，所以 T 矩阵的二阶子式的行列式都为 0，从而得到 $(C_4^2)^2 = 36$ 个方程，其中

由子式 $\begin{bmatrix} 2A_0 & C-jD \\ C+jD & B_0+B \end{bmatrix}$、$\begin{bmatrix} B_0+B & E+jF \\ E-jF & B_0-B \end{bmatrix}$、$\begin{bmatrix} 2A_0 & H+jG \\ H-jG & B_0-B \end{bmatrix}$、$\begin{bmatrix} B_0-B & J+jI \\ J-jI & 2A \end{bmatrix}$、

$\begin{bmatrix} 2A_0 & L-jK \\ L+jK & 2A \end{bmatrix}$、$\begin{bmatrix} B_0+B & M-jN \\ M+jN & 2A \end{bmatrix}$ 确定的 6 个方程为：

$$
\begin{cases}
2A_0(B_0+B) = C^2+D^2 \\
(B_0+B)(B_0-B) = E^2+F^2 \\
2A_0(B_0-B) = G^2+H^2 \\
2A(B_0-B) = I^2+J^2 \\
4AA_0 = K^2+L^2 \\
2A(B_0+B) = M^2+N^2
\end{cases}
\tag{2.78}
$$

由于式（2.78）的原因，将 $2A_0$、$2A$、B_0+B、$B_0\text{-}B$ 称之为 Huynen 参数的"母参数"。双基地极化 16 个 Huynen 参数中剩余的 12 个参数都可以利用式（2.78）由 4 个"母参数"求解得出，将式（2.78）用一个关系表来表示，如图 2.21 所示。

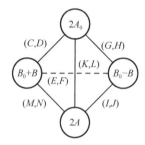

图 2.21　双基地雷达相干目标 Huynen 参数结构关系图

两个变量的协方差是衡量其线性相关程度的一个指标，Lexicographic 基下散射矢量为 $\boldsymbol{\Omega} = [S_{HH}, S_{HV}, S_{VH}, S_{VV}]^T$，散射矢量的元素与散射矩阵 $\boldsymbol{S}$ 的元素一一对应，所以协方差矩阵 $\boldsymbol{C} = \boldsymbol{\Omega} \cdot \boldsymbol{\Omega}^H$ 衡量了 $\boldsymbol{S}$ 矩阵中每个元素两两之间的线性相关程度。

根据定义，协方差矩阵 $\boldsymbol{C}$ 为

$$
\boldsymbol{C} = \begin{bmatrix}
\left\langle |S_{HH}|^2 \right\rangle & \left\langle S_{HH}S_{HV}^* \right\rangle & \left\langle S_{HH}S_{VH}^* \right\rangle & \left\langle S_{HH}S_{VV}^* \right\rangle \\
\left\langle S_{HV}S_{HH}^* \right\rangle & \left\langle |S_{HV}|^2 \right\rangle & \left\langle S_{HV}S_{VH}^* \right\rangle & \left\langle S_{HV}S_{VV}^* \right\rangle \\
\left\langle S_{VH}S_{HH}^* \right\rangle & \left\langle S_{VH}S_{HV}^* \right\rangle & \left\langle |S_{VH}|^2 \right\rangle & \left\langle S_{VH}S_{VV}^* \right\rangle \\
\left\langle S_{VV}S_{HH}^* \right\rangle & \left\langle S_{VV}S_{HV}^* \right\rangle & \left\langle S_{VV}S_{VH}^* \right\rangle & \left\langle |S_{VV}|^2 \right\rangle
\end{bmatrix}
\tag{2.79}
$$

2.3.3　雷达目标极化散射特性的互易性分析

单基地雷达的极化信息处理通常是假设散射矩阵满足互易性，即 $S_{HV} = S_{VH}$。互易性假设暗含了满足三个条件：

（1）雷达收发天线空间位置互易（收发天线在同一个位置）。

（2）天线特性互易（天线作为发射天线和接收天线时方向图等特性是一致的）。

（3）雷达极化散射特性互易（对于雷达目标而言，当入射波为 H 极化和 V 极化时，V 极化和 H 极化散射波的特性是一致的，该特性通常由目标的材料决定）。

对于收发天线分置的双基地雷达系统来说，条件（1）就不满足，所以双基地雷达目标的散射矩阵通常不满足互易性，即 $S_{HV} \neq S_{VH}$。如表 2.3 所示，由于双基地雷达散射矩阵 S 不满足互易性，双基地雷达极化散射矩阵（S 矩阵、T 矩阵、C 矩阵、M 矩阵、K 矩阵）参数的维度普遍高于单基地雷达。双基地雷达目标极化散射矩阵参数个数多，极化散射特性空间维度高，单基地雷达极化信息处理的理论、方法不能直接用于双基地雷达，需要做进一步的拓展。可以预见，双基地雷达目标极化信息处理的研究较单基地雷达势必会存在"复杂度更高""考虑的问题更多""数据获取难"等诸多问题。

表 2.3　单/双基地雷达极化散射矩阵参数维度对比

极化散射矩阵	单基地雷达	双基地雷达
S 矩阵	5	7
T 矩阵、C 矩阵	9	16
M 矩阵、K 矩阵	9	16

第3章 雷达目标 RCS 特性电磁仿真

3.1 雷达目标 RCS 的获取

通常需要综合理论计算、暗室静态测量、外场静态测量、外场动态测量等各种手段得到的数据才能获得目标 RCS 的详细描述和特征分析。例如,美国 RCS 预估—测量—分析理论和实践体系,其空中目标 RCS 测量的完整程序为:在产品设计实验室完成空中目标 RCS 的建模与仿真,在暗室中进行缩比模型测量,在靶场进行室外全尺寸静态测量和外场动态 RCS 测量。以下分别介绍获取目标 RCS 特性的研究现状。

1. 理论计算

理论计算方法分为精确解法和近似解法。

精确解法有两种。一种是求解波动方程:波动方程由麦克斯韦方程组的四个微分方程导出,如果物体较为简单,其 RCS 就可以通过求解波动方程精确计算。然而,没有一种已知的复杂目标可以用此方法求解。实际应用中波动方程的精确解仅作为近似解法的一种检验标准,但是其研究成果揭示了电磁散射的本质。目前学术界公认有如图 3.1 所示多种基本回波机制,按照显著性递减的顺序分别为凹结构,镜面反射,行波回波,顶部、边缘和拐角绕射,表面不连续反射,爬行波反射,相互作用回波等。

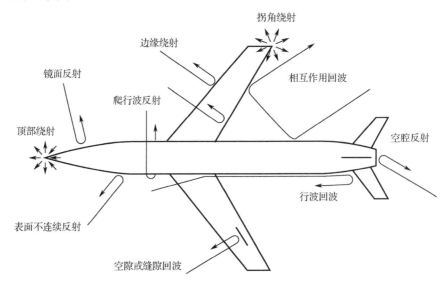

图 3.1　多种基本回波机制

　　另一种精确解法是求解分布在目标表面上的感应场的积分方程。变换为积分方程的麦克斯韦方程称为 Stratton-Chu 方程，直接的解法是利用矩阵求逆和高斯消元求解，其计算代价巨大，目标尺寸为几十个波长时即难以开展。实用的解法是矩量法（Method of Moment，MoM），它将积分方程简化为可用矩阵求解的线性齐次方程组，其优势在于目标表面形状不受限制，可以对复杂目标开展计算。

　　近似解法包括几何光学法（Geometrical Optics，GO）、物理光学法（Physical Optics，PO）、几何绕射理论（Geometrical Theory of Diffraction，GTD）、物理绕射理论（Physical Theory of Diffraction，PTD）、一致绕射理论（Uniform Theory of Diffraction，UTD）和等效电流法（Method of Equivalent Currents，MEC）。许多学者利用近似解法预测和计算了多种目标的散射特性：Anderson 利用 PO 计算了非法向入射的二面角形反射器的散射特性；Knott 利用 GO 确定目标表面场的分布，进而利用 PO 计算远场散射，研究了二面角形反射器的 RCS 减缩问题。

　　上述近似的解析和数值方法各有优缺点，需要根据具体的目标决定采用哪一种方法进行计算，以获得符合要求的结果。值得指出的是，精确解并不总是优于近似解，例如，闭合曲面上的 PO 积分的驻相近似法就比利用积分方程的精确求解更可靠。1993 年，西班牙学者 Rius 等综合利用 PO、MEC 和 PTD，提出了高频近似计算复杂目标 RCS 的图形电磁计算方法（Graphical Electromagnetic Computing，GRECO）。该方法在图形工作站的屏幕上确定目标图像能够被雷达照射到的视点，并获取每一个视点的单位法向矢量，利用目标被"照亮"的表面各点的法矢信息进行高频电磁计算。如果 3D 图形加速卡性能足够好，实时计算复杂目标 RCS 是可能的，安徽大学李民权等提出了利用 GRECO 仿真目标动态 RCS 的方法。

　　图 3.2 以巡航导弹为例，分别给出了矩量法和 GRECO 使用的计算模型。

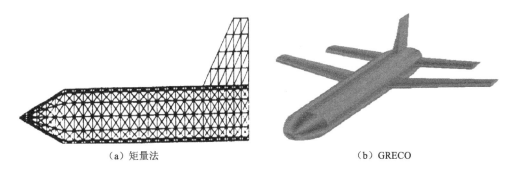

　　　　　　（a）矩量法　　　　　　　　　　　　　　　　　（b）GRECO

图 3.2　理论计算采用的巡航导弹模型

2. 实际测量

　　对目标特性的认识不能完全依赖理论计算，必须进行实际测量。测量手段按研究对象分为动态测量和静态测量两种。起源较早的是动态测量，1942 年美国麻省理工学院测量了实际飞行中的 B-26 轰炸机全向 RCS 数据。限于技术条件，当时的动态数据无法与目标姿态精确对应。美国海军实验室于 1965 年制造了第一部专用的目标特性测量雷达，其 RCS 测量结果可以与目标姿态信息精确对应。测得的 C-54 运输机多频段、多极化动态 RCS 特性数据是第一组真正意义的动态数据。随着紧缩场技术的发展，暗室静态测量技术异军突起，较早期的成果有 1975 年瑞士学者测得的两型战斗机 1∶8 模型的全方位向 RCS 数据。图 3.3 给出飞机的缩比模型示意图，尺寸分别为实际目标的 30%、3%和 1%。

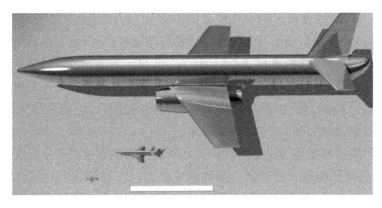

图 3.3　飞机缩比模型

　　紧缩场采用精密的反射面，将点源产生的球面波在近距离内转换为平面波，从而满足远场测试要求，如图 3.4 所示。目前存在的主要有单反射面紧缩场、双柱面紧缩场、卡塞格仑式紧缩场和半紧缩场等。

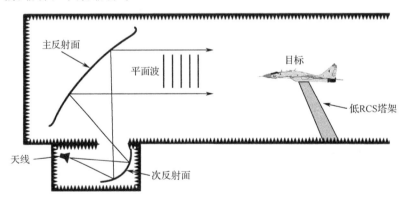

图 3.4　平面波生成示意图

　　暗室静态测量同时要求在地板、天花板和墙壁上涂覆高质量的吸波材料，通常采用锥形吸波材料。国外紧缩场技术领先，静区尺寸大。目前国内航天科工、国防科大等科研院所也开始具备大型室内测试场。图 3.5 给出了目标暗室静态测量场景。

　　外场静态测量突破了暗室对目标尺寸的限制，可以对目标进行全尺寸测量。国外早在 20 世纪 60 年代就开始全面建设静态测量外场，国内的静态测量外场建设条件相对落后，主要体现在：一是缺乏大承重金属支架，采用泡沫支柱替代导致很难精确控制目标的姿态角度；二是背景电平较高，测量精度低。

图 3.5　目标暗室静态测量场景

　　静态测量无法反映动态的雷达目标特性和雷达获取数据的时序信息，动态测量不可替代。美国在大西洋靶场建立了庞大的动态 RCS 测量系统，可提供 150MHz～35GHz 的实时 RCS 测量。国内西安试飞院等单位也可以开展类似测量。由于高度的军事敏感性，国外文献罕有对军事目标测量结果的报道，1995 年休斯公司研究人员报道了对小型民用飞机的动态测量结果。国内西北工业大学、北京航空航天大学、西安试飞院、洛阳电子装备试验中心等单位对小型飞机、中型民航飞机等目标进行了动态测量，分析数据结果得出了大量有益结论。此外，目标特性测量对象相当广泛，20 世纪 60 年代美国得克萨斯大学的 Hajovsky 测量了 12 种昆虫的 RCS，其结果几乎被所有的目标特性专著引用。

3．其他领域

　　目标特性测量不仅涉及窄带 RCS 特性，同时包含一维像、二维像等宽带特性。这得益于宽带信号取代了窄带连续波作为测量雷达的发射波形。宽带 RCS 数据包含更多的目标散射信息，当相参 RCS 散射数据被适当处理后，就可以生成雷达图像。另一方面，测量系统具备了多普勒处理能力，使得深入认识目标动态特性成为可能，微动是典型应用之一。

　　国外自 20 世纪 70 年代先后报道了有关喷气式飞机进气道中发动机的旋转叶片对雷达电磁波的调制（Jet Engine Modulation，JEM）效应，类似的现象也出现在螺旋桨飞机桨叶、直升机旋翼和尾桨等周期性运动部件上。美国海军研究实验室的 V. C. Chen 将目标或目标的组成部分除质心平动以外的振动、转动和加速运动等微小运动称为微动，并且把目标回波频谱存在旁瓣或展宽的现象称为微多普勒效应。微动领域发展速度快，应用范围广，特别是针对弹头目标微动特性的研究取得了大量成果。目前针对飞机目标的微动效应研究成果集中在直升机旋转叶片上，因为较长的旋臂可以获得较大的线速度，微多普勒效应较为明显，便于进行调制谱特性的测量与分析。

3.2　基于多散射中心模型的 RCS 建模仿真

美国学者 M. A. Richards 提出了一个简单的目标模型：在宽为 5m、长为 10m 的矩形平面内，均匀分布有 50 个散射中心。通过分析该目标的 RCS 特性，得出了一系列结论。本节思路弥补了目标模型过于简单，适用范围和理论解释力有限的不足。本节以某型战机为研究对象，基于几何外形建立多散射中心模型，力争在几何参数、电磁散射特性等方面逼近实际情况。

3.2.1　多散射中心模型

理论计算和实验测量均表明，在高频区，目标总的电磁散射可以认为是由某些局部位置上的电磁散射所合成的，这些局部性的散射源通常被称为等效多散射中心。每个散射中心相当于斯特拉顿-朱（Stratton-chu）积分中的一个数字不连续处，在几何上就是一些曲率不连续处与表面不连续处。首先以最基本的双散射中心为例，利用回波相位相干叠加原理仿真目标 RCS。

设雷达工作频率为 1GHz，入射方位角为 θ，球体半径为 1m，间隔 d 为 3m，散射强度相等，如图 3.6 所示。

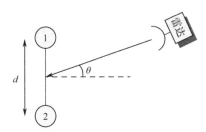

图 3.6　双球结构示意图

设两球体散射回波相位分别为 φ_1、φ_2，有：

$$\varphi_2 - \varphi_1 = 2\pi \frac{d\sin\theta}{\lambda} \tag{3.1}$$

根据式（3.1）给出的结果，双球结构的归一化 RCS 为：

$$\begin{aligned}\sigma &= \left| [\exp(\mathrm{j}\varphi_1) + \exp(\mathrm{j}\varphi_2)]/2 \right|^2 \\ &= \left| \cos\left(\pi\frac{d\sin\theta}{\lambda}\right) \right|^2 \end{aligned} \tag{3.2}$$

图 3.7 给出了双球结构相对 RCS 的仿真结果。

进一步研究等间隔排列在一条直线上的 N 个多散射中心，结构与图 3.6 类似。

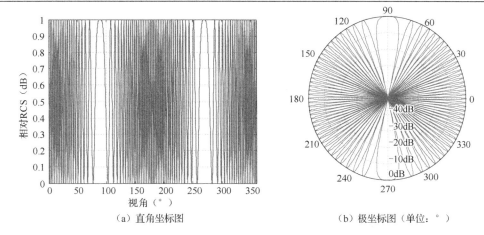

（a）直角坐标图　　　　　　　　　　　（b）极坐标图（单位：°）

图 3.7　双球结构相对 RCS 的仿真结果

多球结构归一化 RCS 为：

$$\sigma = \left| \frac{1}{N} \sum_{n=1}^{N} \exp(\mathrm{j}\varphi_n) \right|^2 = \left| \frac{1}{N} \exp(\mathrm{j}\varphi_1) \sum_{n=1}^{N} \exp(\mathrm{j}\varphi_n - \mathrm{j}\varphi_1) \right|^2$$

$$= \left| \frac{1}{N} \exp(\mathrm{j}\varphi_1) \sum_{n=1}^{N} \exp\left[\mathrm{j}(n-1)2\pi \frac{d\sin\theta}{\lambda} \right] \right|^2 \tag{3.3}$$

令 $\xi = 2\pi \dfrac{d\sin\theta}{\lambda}$，式（3.3）可改写为：

$$\sigma = \left| \frac{1}{N} \exp(\mathrm{j}\varphi_1) \sum_{n=1}^{N} \exp[\mathrm{j}(n-1)\xi] \right|^2$$

$$= \left| \frac{1}{N} \exp(\mathrm{j}\varphi_1) \frac{1 - \exp(\mathrm{j}\xi N)}{1 - \exp(\mathrm{j}\xi)} \right|^2 = \left| \frac{\sin\dfrac{\xi N}{2}}{N\sin\dfrac{\xi}{2}} \right|^2 \tag{3.4}$$

设 $N = 5$，其余仿真条件与双球结构一致，得仿真结果如图 3.8 所示。

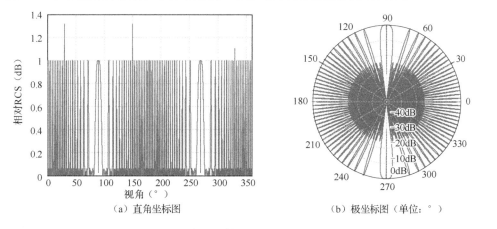

（a）直角坐标图　　　　　　　　　　　（b）极坐标图（单位：°）

图 3.8　多球结构相对 RCS 仿真结果

多球结构与双球结构一样，相干叠加仿真的 RCS 结果均体现出明显的周期性。

复杂目标的 RCS 随发射频率和视线角变化。目标信号的一个重要特性是时间、频率和角度上的相关"长度"，它是使回波幅度去相关到一定程度的时间、频率或者角度的变化量。对于刚体目标，RCS 的去相关主要是由距离和视线角变化引起的；对于自然杂波，去相关是由杂波的内部运动构成的，去相关的速度受雷达以外的因素影响，如风速。在大多数情况下，当目标连续回波去相关时，检测性能将得到提高，因此很多雷达采用"频率捷变"技术迫使雷达的连续测量去相关。

多散射中心模型的提出为研究目标 RCS 的相关特性带来了极大便利。以均匀线阵为研究对象，仿真该目标相关性随频率和视线角的变化。

均匀线阵相对天线瞄准方向的倾斜角为 θ，散射体之间的间隔长度为 Δx。假设散射体的数目为奇数 $2M+1$，编号为 $-M$ 到 M，定义目标长度为 $L=(2M+1)\Delta x$。

以相关函数的第一过零点为判断去相关的准则，回波幅度去相关所需的角度变化量为：

$$\Delta\theta = \frac{c}{2LF\cos\theta} \tag{3.5}$$

回波幅度去相关所需的频率变化量为：

$$\Delta F = \frac{c}{2L\sin\theta} \tag{3.6}$$

将该均匀线阵限制在长为 10m、宽为 5m 的二维平面内，如图 3.9 所示。

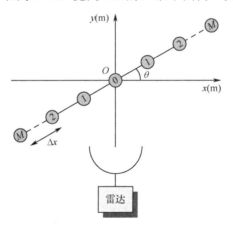

图 3.9　均匀线阵结构示意图

雷达自目标右侧照射，正对线阵宽边；自目标顶部照射，正对线阵长边。设雷达工作频率为 10GHz，视线角步进为 0.002°。取角度变化范围为 ±3° 的数据求解自相关函数。图 3.10 给出了自目标右侧和顶部观测的相关特性结果。

图中实线表示自目标右侧观测，对应的长度为 5m；虚线表示自目标顶部观测，对应的长度为 10m。过零点分别是 0.154° 和 0.082°，与理论计算结果相当。

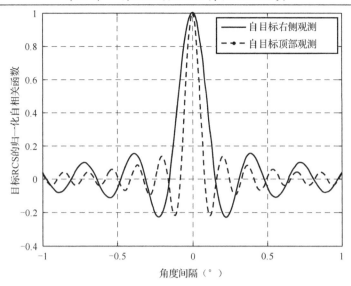

图 3.10　均匀线阵 RCS 的去相关角度

若固定视线角为 20°，雷达工作频率自 10GHz 起，每次步进 18.48MHz，分析 10 次步进结果如图 3.11 所示。

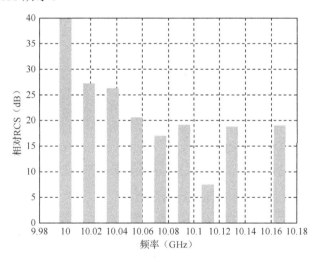

图 3.11　频率变化引起的 RCS 变化

可见，频率变化对 RCS 的影响较大。以 10GHz 为起点，频率变化范围为 166.32MHz，相对 RCS 的变化是 39.7625dB。

3.2.2　飞机模型多散射中心建模

根据飞机缩比模型三视图及其公开的技术指标（机身长度、翼展等），利用图形处理软件进行比例计算，获得建模需要的几何参数。忽略了空速管、起落架、武器挂点等特殊部件。分别在进气道、机身、座舱、尾喷管、主翼、水平尾翼和垂直尾翼位置布置等散射强度的散射中心。根据 7 种基本回波机制，对座舱、进气道、尾喷管等处格外布置了散射中心加以修正。图 3.12 给出了模型原图和基于外形的多散射中心模型效果图。

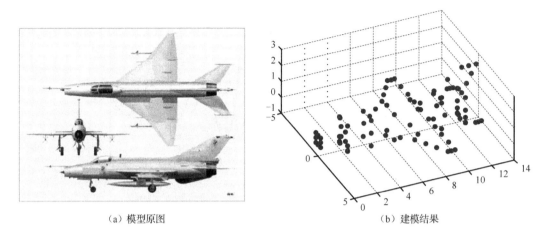

（a）模型原图　　　　　　　　　（b）建模结果

图 3.12　某型战斗机多散射中心模型

以进气道入口平面圆心为参考坐标系原点 O，其相对于雷达的方位角为 α、俯仰角为 β。设 R 为雷达到目标的径向距离，O 点在雷达坐标系中的坐标为 $(R\cos\beta\cos\alpha, R\cos\beta\sin\alpha, R\sin\beta)$。设某一散射中心在参考坐标系中坐标为 (x, y, z)，则其在雷达坐标系中的坐标 (u, v, w) 可以表示为：

$$\begin{bmatrix} u \\ v \\ w \end{bmatrix} = R \begin{bmatrix} \cos\beta\cos\alpha \\ \cos\beta\sin\alpha \\ \sin\beta \end{bmatrix} + \begin{bmatrix} x \\ y \\ z \end{bmatrix} \tag{3.7}$$

每个散射中心到雷达的距离可表示为：

$$R_i = \sqrt{u^2 + v^2 + w^2} \tag{3.8}$$

若固定俯仰角不变，则 R_i 是方位角 α 的函数。

假设各散射中心散射强度均为 $\sigma_i = 1$，N 个散射中心的回波复电压正比于 $\overline{y}(t)$：

$$\begin{aligned} \overline{y}(t) &= \sum_{i=1}^{N} \sqrt{\sigma_i} e^{j2\pi f(t - 2R_i(\theta)/c)} \\ &= e^{j2\pi ft} \sum_{i=1}^{N} \sqrt{\sigma_i} e^{-j4\pi R_i(\theta)/\lambda} \end{aligned} \tag{3.9}$$

假设所有散射中心位于一个距离单元，一个回波中包含了所有散射中心的后向散射，式（3.9）描述的散射中心回波相干叠加原理成立。RCS 的数值正比于 $\left|\overline{y}\right|^2$：

$$\sigma = \left|\overline{y}\right|^2 = \left| \sum_{i=1}^{N} \sqrt{\sigma_i} e^{-j4\pi R_i(\theta)/\lambda} \right|^2 \tag{3.10}$$

图 3.13 给出了 3GHz 下俯仰角为 0° 时模型的 RCS。

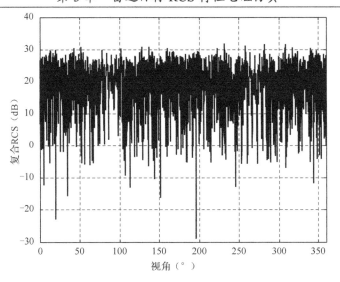

图 3.13　飞机多散射中心模型 RCS 仿真结果

以下利用多散射中心模型分析该型战斗机 RCS 的角度相关特性。

图 3.14 给出俯仰角为 0°，正侧方向（0°方位角附近）RCS 姿态角自相关函数。

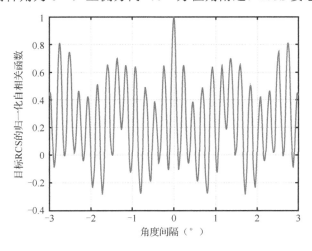

图 3.14　正侧方向 RCS 姿态角自相关函数（俯仰角为 0°）

正侧方向 RCS 随姿态角变化较为剧烈，角度间隔在 0.1°时即达到了去相关。俯仰角为 0°时，自相关函数出现明显的周期性特征。考虑在建模过程中，多数散射中心布置在进气道、座舱、机身这一段较窄的范围内，同时关于机身的散射中心布置简化为按照机身棱线均匀布点，此时 RCS 姿态角自相关函数出现周期性特征可能源于这样的散射中心布置。

改变俯仰角为 30°，仿真结果如图 3.15 所示。

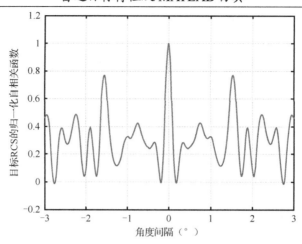

图 3.15　正侧方向 RCS 姿态角自相关函数（俯仰角为 30°）

去相关角度增加至 0.18°，周期性特征明显弱化。俯仰角为负值时的情况与其为正值时的情况类似。可见，俯仰角增加导致姿态角去相关"长度"增加，周期性特征弱化。

固定俯仰角为 30°，从 45° 附近和端射方向观测目标，RCS 姿态角自相关函数与正侧方向结果比较如图 3.16 所示。

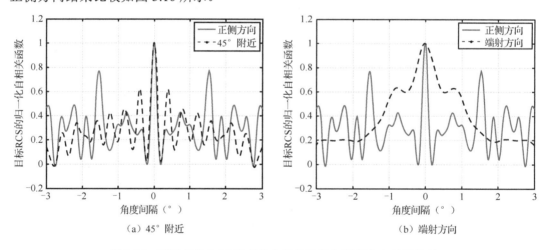

（a）45° 附近　　　　　　　　　　　（b）端射方向

图 3.16　不同方位 RCS 姿态角自相关函数与正侧方向结果比较

图中实线表示正侧方向结果，虚线分别表示 45° 附近和端射方向的结果。可见，当视线角由正侧方向到端射方向逐渐变化时，姿态角去相关"长度"不断增加，RCS 随姿态角变化的剧烈程度逐步下降。

3.2.3　多散射中心模型可用性分析

多散射中心模型在 RCS 姿态角相关特性分析上独具优势，但是难以反映散射中心之间的遮蔽和耦合效应，仿真表明上述效应对目标 RCS 的影响是巨大的。

图 3.17 给出了利用电磁计算软件精确求解的双球结构 RCS。

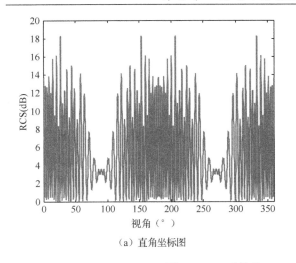

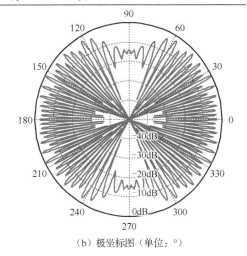

（a）直角坐标图　　　　　　　　　　（b）极坐标图（单位：°）

图 3.17　双球结构 RCS（电磁计算结果）

对比图 3.7 和图 3.17，电磁仿真结果呈现非等幅振荡。在两球连线中垂线附近入射，结果与多散射中心模型相当。当入射角逐渐偏离中垂线时，最大 RCS 会超过理论值，这是两球的互耦因素所致。当入射角接近两球连线时，由于散射中心间的遮蔽效应，RCS 明显下降。可见，利用散射中心相位相干叠加原理推导的计算式给出 RCS 的绝对数值或反映不同入射角度下的 RCS 相对关系都是不合理的。但是，多散射中心建模结果体现出与电磁计算结果相一致的周期性和起伏程度，表明其可以定性分析目标 RCS 特性。下一节利用电磁计算软件建立目标静态 RCS 模型，方位角步进值的选取将根据本节 RCS 姿态角相关特性的求解方法确定。

3.3　基于电磁计算的 RCS 建模仿真

FEKO 是德文任意复杂电磁场计算首字母的缩写，针对许多特定问题，如平面多层介质结构、金属表面的涂覆等，开发了量身定制的代码，在保证精度的同时获得最佳的效率。FEKO 基于 MoM 开展电磁计算，如果计算模型足够逼真，计算结果可以认为是精确解。为了求解电大尺寸目标仿真计算量太大的问题，FEKO 引入了多层快速多极子方法（Multilevel Fast Multipole Method，MLFMM），极大提高了 MoM 的运算效率。FEKO 是世界上第一个把 MLFMM 推向市场的现代化代码，使得对电大尺寸目标的精确仿真成为可能。在此之前，求解此类问题只能选择高频近似方法。FEKO 中也有两种高频近似算法可用，分别是 PO 和 UTD。计算电大尺寸目标时，可以对重点关注部位采用 MoM，对非重点关注部位采用高频近似算法，从而在满足计算要求的前提下提高效率。

FEKO 可以读入的模型文件包括两类：一类是 CAD 文件，但需要在 FEKO 平台进一步做网格剖分；另一类是剖分好的网格文件。这里选用 .stl 格式的网格文件。本节研究采用 F-117A 隐身攻击机在 UHF、L、S 三种波段下的网格模型文件。F-117A 是世界上第一款完全以隐形技术设计的飞机，其外形设计以目标 RCS 减缩为原则。针对该目标的研究方法和结果结论具有较强的指导意义。B-2 隐身轰炸机也常用于目标 RCS 特性研究，由于几何尺寸大且涂覆设置不明确，本节没有采用。

读入的网格模型文件由大量三角面拼接而成，数据存储的内容是三角面每个顶点的位置和每个三角面包含的顶点。每个网格面的规格由雷达的工作频率决定，为得到精确的计算结果，通常设为波长的 1/10。可见对于同一个目标 CAD 模型，不同的工作频率对应不同的网格模型。对于较高工作频率的电磁计算必须考虑计算效率问题。图 3.18 展示了目标网格模型及其放大效果，从中可以清晰地看到三角面的拼接情形。

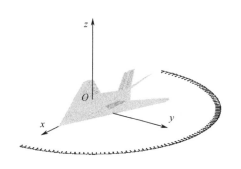 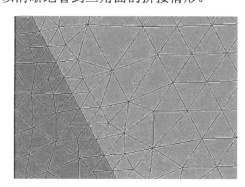

图 3.18　F-117A 网格模型

表 3.1 对比了不同频率下目标模型剖分的网格数目及单个入射角的计算时间。计算采用的工作站处理器 24 核，主频 2.8GHz，内存 64GB。

表 3.1　不同工作频率下 FEKO 计算时间比较

工　作　频　段	工　作　频　率	网　格　数　目	计　算　时　间
UHF	430MHz	107 458	30.4s
L	1.3GHz	591 404	253.5s
S	2.6GHz	2 365 616	1218.3s

FEKO 通过设置极化角模拟不同极化的入射波。极化角 η 的定义如图 3.19 所示。

φ 和 θ 分别为入射波的方位角和俯仰角。η 表示电场矢量 $\boldsymbol{E}$ 与目标球坐标系 (r,φ,θ) 内 $-\hat{\theta}$ 方向的夹角。η 为 0° 时 $\boldsymbol{E}$ 与 $-\hat{\theta}$ 同向，以入射方向为拇指方向用右手定则确定增加方向。以入射平面为基准，$\eta =0°$ 为垂直极化，$\eta =90°$ 为水平极化。

目标 RCS 动态范围可达 30～70dB，对于隐身目标起伏将更为剧烈。需要通过数据表格或者多波段、多极化、多站、多状态的散射方向图进行精确描述。下面以 FEKO 仿真获取的 4 种收/发极化状态组合条件下 F-117A 的单站、单频（430MHz）、全向（方位角间隔为 0.1°）散射数据为例，研究目标 RCS 数据的表示方法。

目标 RCS 特性数据的表示方法包括极坐标散射图、归一化的极坐标散射图、线性空间直角坐标散射图和对数空间直角坐标散射图。

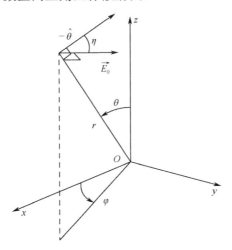

图 3.19　FEKO 极化角定义

（1）极坐标散射图：极坐标散射图具有空间形象性的优势，如图 3.20 所示。

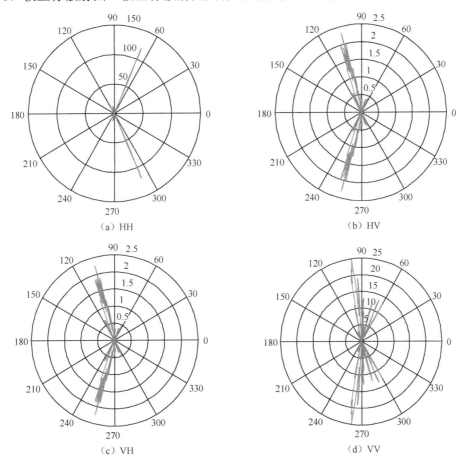

图 3.20　极坐标散射图（单位：°）

极坐标散射图相对 $1m^2$ 归一化，存在以下弊端：一是若按图 3.20 的做法采用不同的径向刻度，不利于相互比较；若采用统一的径向刻度，则强散射目标的外圆直径很大，弱散射目标的外圆直径很小。二是表示 RCS 减缩效果时，散射图向圆心收缩，形状发生了变化，散射波瓣变密，使人产生散射波瓣变窄的错觉。三是难以表示 F-117A 等外形隐身目标隐身姿态范围的散射特性。

（2）归一化的极坐标散射图：在极坐标散射图的基础上相对于自身的主瓣最大值归一化，得到归一化的极坐标散射图，如图 3.21 所示。

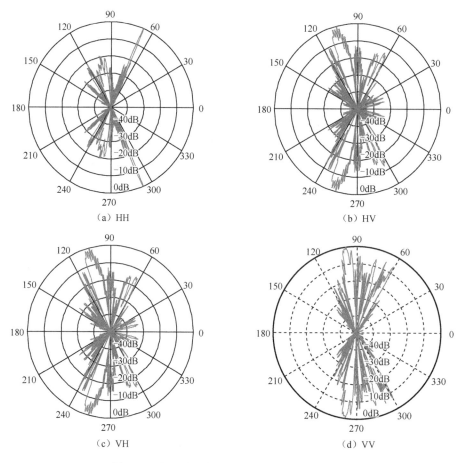

图 3.21　归一化的极坐标散射图（单位：°）

归一化的极坐标散射图可以较好地表示目标的全向散射特性，隐身目标在方位上的隐身区和非隐身区得到了清晰呈现。根据图 3.21 反映的结果，将目标按方位角范围划分为四段，即 ±（0°～60°）对应的鼻锥方向，±（60°～90°）对应的机身前段，±（90°～150°）对应的机身后段和 ±（150°～180°）对应的机尾方向。通常认为飞机目标的主要威胁扇区是 ±（0°～50°），由图 3.21 可见目标在这个范围内能实现较好的隐身效果。

（3）线性空间直角坐标散射图如图 3.22 所示。

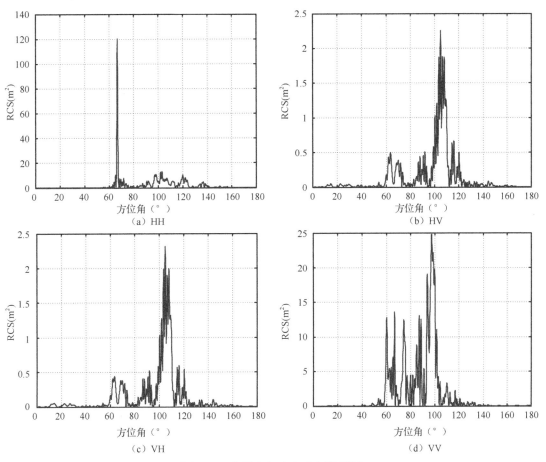

图 3.22　线性空间直角坐标散射图

　　线性空间直角坐标散射图在散射特性细节刻画方面有优势。如图 3.22 所示，对于 HH 极化，66°～68°方位角范围有一个非常显著的尖峰，对应该型机融合在机身上的进气道部位（如图 3.23 所示）。

图 3.23　模型和实际装备进气道位置示意图

　　另外，由于隐身目标不同方位向上 RCS 差异明显，将全向 RCS 数据放在线性空间统一表示，鼻锥和机尾方向的数据普遍偏小，在图中几乎与横坐标重合，难以反映这些分段 RCS 的起伏情况，这是在线性空间表示 RCS 数据的一个弊端。在对数空间表示数据会克服这一问题。

（4）对数空间直角坐标散射图：无论 RCS 特性数据大小，其起伏情况均可以统一在对数空间很好地表示，如图 3.24 所示。

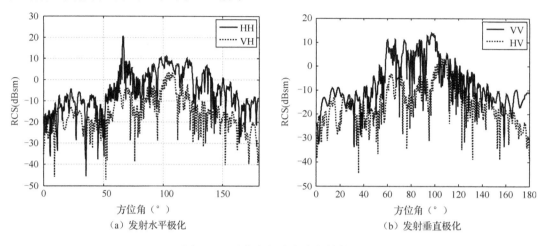

（a）发射水平极化　　　　　　　　　　　（b）发射垂直极化

图 3.24　对数空间直角坐标散射图

综上所述，目标 RCS 数据的四种常用表示方法各具优势又都存在一定的局限性。通常根据实际需要选择一种或几种表示方法直观准确地反映目标 RCS 特性。

目标 RCS 特性研究的目的之一是确定雷达对目标的检测能力。作为一个统计处理过程，检测与雷达接收机内的信号电平有关。接收机对于目标回波的典型响应是在目标威胁区上的空间立体角进行平均。因此对于原始 RCS 数据要在一定角度窗口上做平滑处理。为了便于检测分析，通常用均值、分位值、标准差、概率密度函数（Probability Distribution Function，PDF）和累积分布函数（Cumulative Distribution Function，CDF）等简化处理方法表征目标在给定威胁区的散射特性。本节重点介绍均值和分位值。

（1）线性均值和对数均值：尽管采用对数值表示线性均值，但线性均值与对数均值并非同一概念，对于给定的一组数据，线性均值必然大于对数均值。

线性均值 $\bar{\sigma}(m^2)$ 的对数表示为：

$$10\lg\bar{\sigma}(m^2)=10\lg\left[\frac{1}{N}\sum_{i=1}^{N}\sigma_i(m^2)\right] \tag{3.11}$$

式中，N 为数据点数，σ_i 为某一点的 RCS 数值。

对数均值 $\bar{\sigma}$ 表示为：

$$
\begin{aligned}
\bar{\sigma} &= \frac{1}{N}\sum_{i=1}^{N}\sigma_i \\
&= \frac{1}{N}\sum_{i=1}^{N}[10\lg\sigma_i(m^2)] \\
&= 10\lg\left[\prod_{i=1}^{N}\sigma_i(m^2)\right]^{\frac{1}{N}}
\end{aligned} \tag{3.12}
$$

　　式（3.11）表示的是数据算数平均值的对数，式（3.12）表示的是数据几何平均值的对数。算数平均值对大数据的加权倾向大于几何平均值。因此在对数空间求解线性均值时，必须按照先取反对数、后平均、再求对数的步骤进行。

　　（2）分段均值：具体方法是设定窗口宽度和滑动步长，逐段求取均值，绘出分段均值曲线。其中窗口宽度是指均值计算时一次连续取的数据点数，对于随姿态角变化的 RCS 数据，实质是选择一个进行统计的角度窗口宽度。为了较好地反映起伏特性，其理论准则是选定的窗口内至少包含 3～4 个起伏波瓣。通常这个窗口的典型值在 1°～10°。滑动步长是指在确定窗口宽度的基础上，窗口每次沿 RCS 散射图的移动量。为保证将每一个数据纳入统计，滑动步长不应大于窗口宽度。当两者相等时，意味着每次处理的都是一套全新的数据。若滑动步长小于窗口宽度，可使得到的分段均值曲线较为平滑。这里选取窗口宽度为 10°，滑动步长为 5°。

　　图 3.25 给出了在线性空间表示的主极化和交叉极化通道分段均值曲线，为清晰展示隐身方位段的数据，图中放大了鼻锥和机尾方向结果。

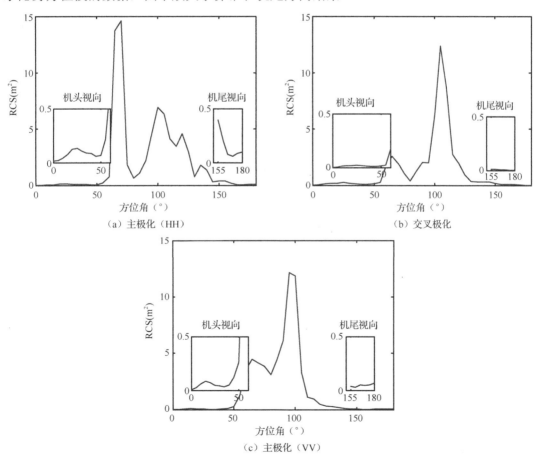

图 3.25　分段均值曲线（窗口宽度为 10°，滑动步长为 5°）

　　（3）分位值：分位值定义与中值类似，可通过 CDF 求得。常用的有 10 分位值和

90 分位值，记为 $\sigma_{10\%}$ 和 $\sigma_{90\%}$，其求解公式为：

$$\mathrm{CDF}(\sigma_{10\%}) = \int_{-\infty}^{\sigma_{10\%}} P(\sigma)\mathrm{d}\sigma = 10\% \qquad (3.13)$$

$$\mathrm{CDF}(\sigma_{90\%}) = \int_{-\infty}^{\sigma_{90\%}} P(\sigma)\mathrm{d}\sigma = 90\% \qquad (3.14)$$

图 3.26 给出了各极化通道每个数据窗口对应的统计参数，包括均值、中值、10 分位值和 90 分位值。统计参数的求解一般在对数空间进行。

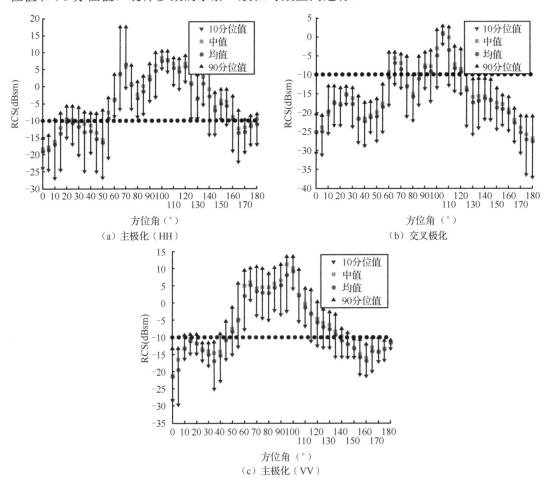

图 3.26 RCS 统计参数

图 3.26 中黑色虚线对应的 RCS 为 $0.1\mathrm{m}^2$，可粗略认为是隐身性能的临界值。据此可以判断各方位角范围的隐身性。在统计分析中引入分位值的好处是剔除了野值的影响，合理地反映了各数据段的动态范围和离散程度。如果两分位值间隔较小，表明 RCS 随姿态角慢变；如果间隔较大，则表明 RCS 随姿态角有较大的起伏。可见分位值既是一种平滑处理手段，也可以定性描述 RCS 的起伏特性。

3.4 雷达目标静态 RCS 仿真算例

3.4.1 民航飞机

目标电磁散射计算坐标系约定如图 3.27 所示，以目标质心为坐标原点，x 轴指向机头，y 轴指向左侧机翼，z 轴与 x，y 轴构成右手直角坐标系。与 z 轴夹角定义为俯仰角，取值范围 0°～180°，在 xoy 平面内顺时针方向转到 x 轴的角度为方位角，取值范围 0°～360°。由于飞机目标为轴对称目标，因此计算时取入射俯仰角（0°～180°）、入射方位角（0°～180°），接收俯仰角（0°～180°）、接收方位角（0°～360°），得到水平和垂直极化入射条件下的水平极化和垂直极化散射电场分量，即全极化散射矩阵，包含了后向散射和非后向散射。选择的计算频率为 682MHz，该频率为数字电视地面广播（Digital Television Terrestrial Broadcasting，DTTB）信号的中心频率，目标为全尺寸某机型，材料为金属，采用的电磁计算软件为成熟的商用软件 FEKO，采用方法为多层快速多极子方法（MLFMM），计算数据的统计结果可以指导基于 DTTB 信号的双极化无源雷达空中目标探测试验，也可以为该 P 波段内的其他双基地雷达提供参考。

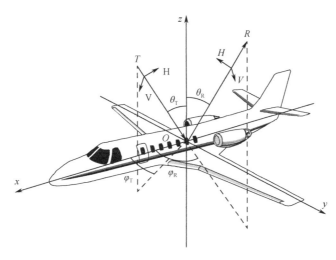

图 3.27 坐标系示意图

电波入射方向矢量为：
$$E_i = (\sin\theta_T \cos\varphi_T, \sin\theta_T \sin\varphi_T, \cos\theta_T) \tag{3.15}$$

电波散射方向矢量为：
$$E_s = (\sin\theta_R \cos\varphi_R, \sin\theta_R \sin\varphi_R, \cos\theta_R) \tag{3.16}$$

双基地角 β 满足：
$$\cos\beta = \sin\theta_T \cos\varphi_T \sin\theta_R \cos\varphi_R + \sin\theta_T \sin\varphi_T \sin\theta_R \sin\varphi_R + \cos\theta_T \cos\theta_R \tag{3.17}$$

雷达目标在远场区的电磁散射是一个线性过程，入射波和目标散射波的各极化分量之间存在线性关系，并可由极化散射矩阵来描述，电磁波的 Jones 电场矢量是最为常用的极化描述子之一，设入射电磁波为 $\boldsymbol{E}_\mathrm{T} = (E_\mathrm{TH}, E_\mathrm{TV})^\mathrm{T}$，散射电磁波为 $\boldsymbol{E}_\mathrm{R} = (E_\mathrm{RH}, E_\mathrm{RV})^\mathrm{T}$，目标散射矩阵为 $\boldsymbol{S} = \begin{bmatrix} S_\mathrm{HH} & S_\mathrm{HV} \\ S_\mathrm{VH} & S_\mathrm{VV} \end{bmatrix}$，则满足：

$$\boldsymbol{E}_\mathrm{R} = \boldsymbol{S} \cdot \boldsymbol{E}_\mathrm{T} \tag{3.18}$$

对于后向散射而言，通常情况下散射矩阵是对称的，但是对于非后向散射而言，散射矩阵通常不对称。S_HV 物理意义上对应着以垂直极化波照射目标时散射波的水平极化分量，类似地可以解释其余 3 个元素的物理含义，且各个元素均与频率、当前入射角和散射角有关，因此可表示为 $S_{ij}(f, \theta_\mathrm{T}, \varphi_\mathrm{T}, \theta_\mathrm{R}, \varphi_\mathrm{R})$，则目标在确定频率、姿态、双基地几何配置的情况下，雷达散射截面积（RCS）和极化散射矩阵中的元素具有如下关系：

$$\sigma_p(f, \theta_\mathrm{T}, \varphi_\mathrm{T}, \theta_\mathrm{R}, \varphi_\mathrm{R}) = 4\pi \left| S_p(f, \theta_\mathrm{T}, \varphi_\mathrm{T}, \theta_\mathrm{R}, \varphi_\mathrm{R}) \right|^2, \ p = \{\mathrm{HH, HV, VH, VV}\} \tag{3.19}$$

其中：f 为频率；θ_T、φ_T 分别为入射俯仰角、方位角；θ_R、φ_R 分别为散射俯仰角、方位角。相比于单基地而言，双基地 RCS 与更多的参数有关，体现了描述的复杂性。入射矢量的俯仰角为 0°，方位角为 0°，即从飞机的顶部垂直照射，不同极化下的双基地 RCS 结果如图 3.28 所示。

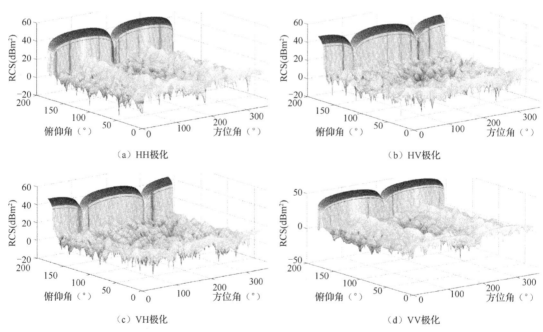

（a）HH极化　　　　　　　　　　　　　（b）HV极化

（c）VH极化　　　　　　　　　　　　　（d）VV极化

图 3.28　电磁计算数据结果

图中数据计算频率为 682MHz，从图 3.28 可以看到，随着接收方向的改变，双基地 RCS 起伏较大；由于飞机的对称特性，四种极化 RCS 空间分布也对称；交叉极化 RCS 的空间分布相同，共极化的空间分布相同，均是俯仰角接近 180°，达到最大值，即前向散射，角度范围约为 20°。

根据计算数据分别计算四个通道的均值、标准差、极大值、极小值和极差，以及偏度系数、峰度系数，并统计得到直方图，进行归一化之后，得到近似的概率密度图，如图 3.29 所示。从图中可以看到，双基地模式下，四种极化 RCS 的统计概率密度图基本一致，而单基地模式下，两种交叉极化 RCS 统计概率密度图一致，与两种共极化 RCS 统计概率密度图存在明显差异。

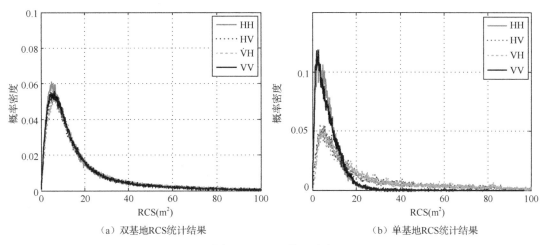

(a) 双基地RCS统计结果　　　　　　(b) 单基地RCS统计结果

图 3.29 RCS 统计分布

统计的单/双基地四个极化分量的均值、标准差、最大值、最小值和极差及偏度系数、峰度系数如表 3.2 所示。从表 3.2 可以看出，单/双基地 RCS 统计特性存在以下差异：

(1) 四种极化双基地 RCS 极差达 70dB，而单基地 RCS 极差仅为 40dB，说明双基地模式下 RCS 的动态范围更大，为保证目标的探测能力，对接收机的动态范围要求更高。

(2) 四种极化双基地 RCS 均值约为 26dBm^2，而单基地 RCS 均值仅为 8～15dBm^2，说明双基地 RCS 普遍大于单基地 RCS。

(3) 四种极化双基地 RCS 标准差约为 37dB，而单基地 RCS 标准差仅为 8～17dB，再次说明双基地 RCS 的动态范围更大。

(4) 偏度系数均大于 0，但双基地的偏度系数大于单基地的偏度系数，说明双基地 RCS 统计分布图的拖尾更长，即存在更多的大 RCS 值。

(5) 双基地 RCS 的峰度系数大于单基地 RCS 的峰度系数，说明双基地 RCS 峰值偏离参照分布的峰值更多。

表 3.2 RCS 统计参数

名　　称	最大值（dBm^2）	最小值（dBm^2）	极差（dB）	均值（dBm^2）	标准差（dB）	偏 度 系 数	峰 度 系 数
单基地 HH	20.094	-16.029	36.123	8.458	7.871	24.460	65.599
单基地 HV	26.602	-15.794	42.396	15.568	17.415	23.782	65.600

续表

名　　称	最大值（dBm²）	最小值（dBm²）	极差（dB）	均值（dBm²）	标准差（dB）	偏 度 系 数	峰 度 系 数
单基地 VH	26.775	-13.368	40.143	15.516	17.478	23.839	65.600
单基地 VV	19.866	-15.886	35.752	8.582	7.855	23.618	65.599
双基地 HH	49.858	-17.679	67.537	25.582	37.054	35.123	78.757
双基地 HV	49.858	-21.941	71.799	26.610	37.579	34.581	78.757
双基地 VH	49.858	-15.051	64.908	26.609	37.579	34.581	78.757
双基地 VV	49.858	-19.690	69.548	25.588	37.053	35.123	78.757

进一步我们统计了不同双基地角条件下双基地 RCS 的最大值、最小值、均值和标准差等参数，如图 3.30 所示。从图中可以看出，双基地 RCS 最大值、最小值、均值、标准差在双基地角为零时（单基地模式）具有较小的值；在双基地角 10°～150°范围内，RCS 最大值变化不明显，而 RCS 最小值起伏较大，说明不同的视角与目标结构导致的结果，双基地角大于 150°后，最小值随双基地角的增加而急剧增加；总体而言，交叉极化 RCS 的最大值、最小值、均值、标准差均大于共极化 RCS。

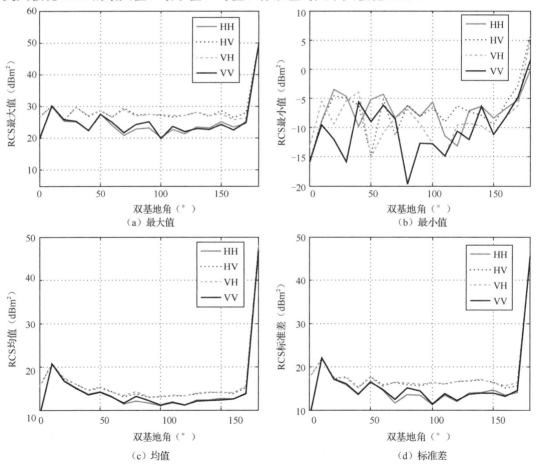

图 3.30　不同双基地角 RCS 统计结果

3.4.2　空间目标

　　本节对圆锥体目标进行分析，固定入射方位角为 0°，俯仰角的变化范围为 0°～90°，散射方位角的变化范围为 0°～360°。在雷达频率为 10GHz 的条件下，进行双基地 RCS 概率密度分布分析。流线型空间目标的尺寸：半径为 0.4m，高为 1.6m。流线型空间目标的 CAD 模型如图 3.31 所示。

图 3.31　流线型空间目标 CAD 模型

　　表 3.3 所示为不同入射俯仰角流线型空间目标双基地 RCS 统计参数。在电磁计算的角度设置中，只有当入射俯仰角为 90°时才会出现前向散射，所以表 3.3 中入射俯仰角为 0°～75°范围内，统计参数的相似性较高。

表 3.3　不同入射俯仰角流线型空间目标双基地 RCS 统计参数　　　单位（m^2）

统计参数	0°	15°	30°	45°	60°	75°	90°
均值	0.03	0.03	0.03	0.03	0.05	0.06	0.08
极大值	0.22	0.23	0.37	0.20	0.27	0.39	2.80
极小值	0	0	0	0	0	0	0
极差	0.22	0.23	0.37	0.20	0.27	0.39	2.80
标准差	0.03	0.03	0.03	0.03	0.04	0.06	0.09
变异系数	0.99	0.95	0.92	0.92	0.96	0.99	1.08
偏度系数	0	0	0	0	0	0	0.01
峰度系数	1.53	1.31	1.56	1.37	1.50	1.54	3.75

　　为了直观看出各个入射俯仰角下不同散射角散射数据统计分布的差异性，图 3.32～图 3.38 给出了空间目标的双基地 RCS 的概率密度分布，并用四种典型的分布模型进行了拟合。

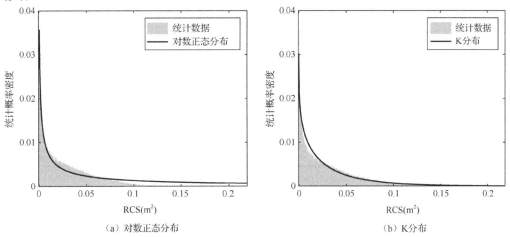

（a）对数正态分布　　　　　　　　　　　　（b）K 分布

图 3.32　RCS 概率密度分布（入射俯仰角 0°，所有接收角度）

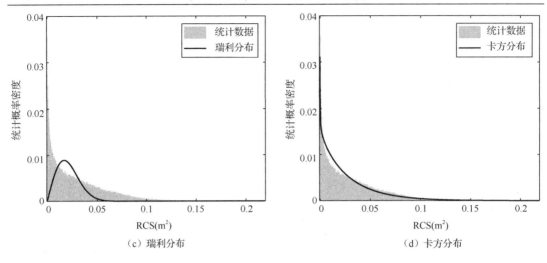

（c）瑞利分布 （d）卡方分布

图 3.32　RCS 概率密度分布（入射俯仰角 0°，所有接收角度）（续）

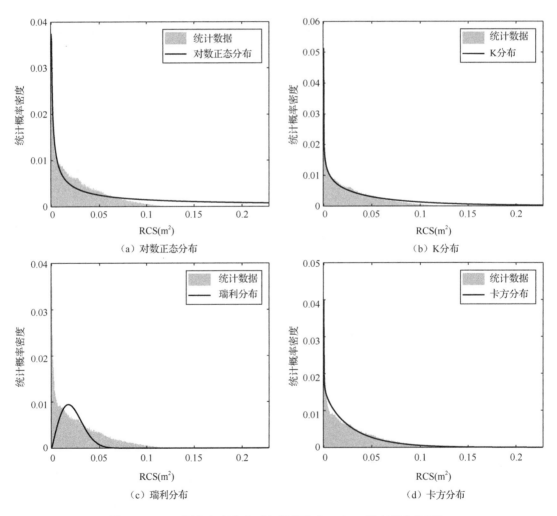

（a）对数正态分布 （b）K 分布

（c）瑞利分布 （d）卡方分布

图 3.33　RCS 概率密度分布（入射俯仰角 15°，所有接收角度）

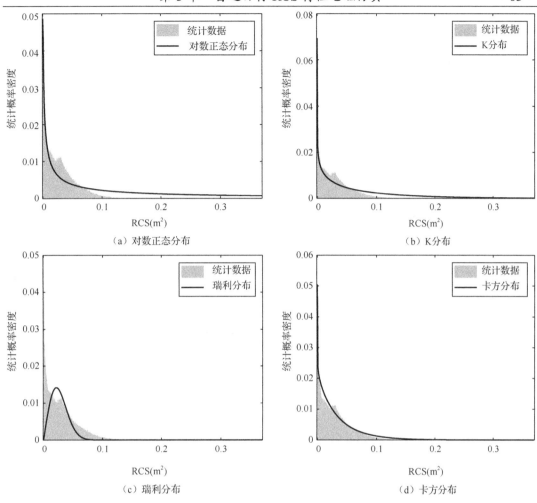

（a）对数正态分布　　　　　　　　　　　　（b）K分布

（c）瑞利分布　　　　　　　　　　　　　（d）卡方分布

图 3.34　RCS 概率密度分布（入射俯仰角 30°，所有接收角度）

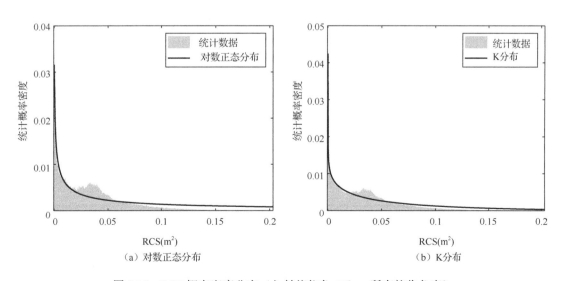

（a）对数正态分布　　　　　　　　　　　　（b）K分布

图 3.35　RCS 概率密度分布（入射俯仰角 45°，所有接收角度）

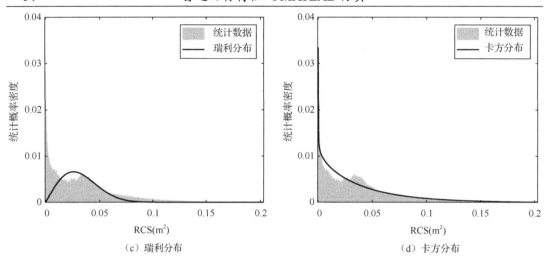

（c）瑞利分布　　　　　　　　　　　　　　（d）卡方分布

图 3.35　RCS 概率密度分布（入射俯仰角 45°，所有接收角度）（续）

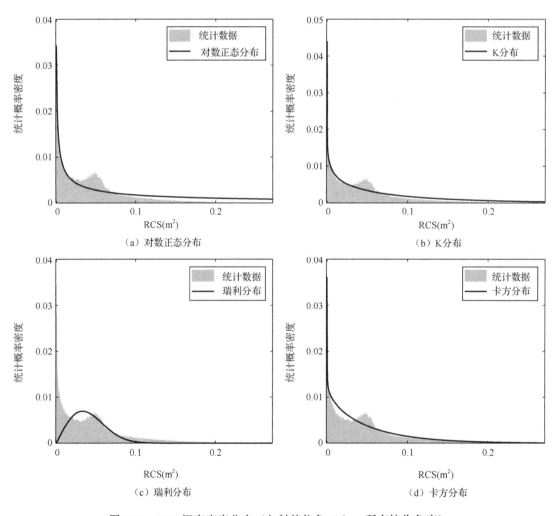

（a）对数正态分布　　　　　　　　　　　　（b）K 分布

（c）瑞利分布　　　　　　　　　　　　　　（d）卡方分布

图 3.36　RCS 概率密度分布（入射俯仰角 60°，所有接收角度）

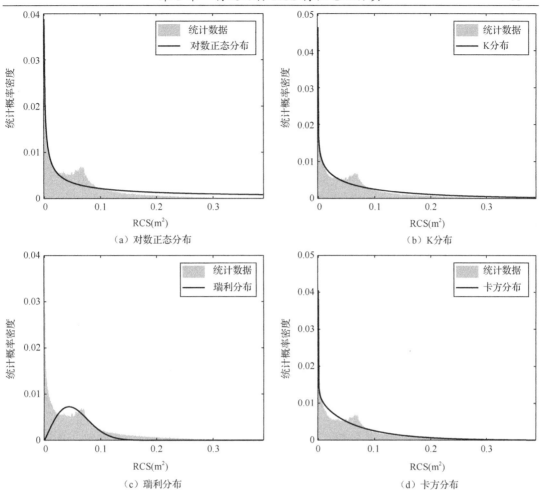

（a）对数正态分布　　　　　　　　　　（b）K 分布

（c）瑞利分布　　　　　　　　　　　　（d）卡方分布

图 3.37　RCS 概率密度分布（入射俯仰角 75°，所有接收角度）

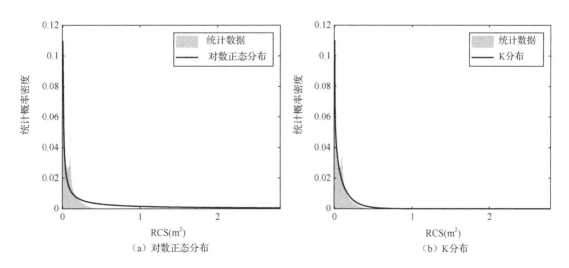

（a）对数正态分布　　　　　　　　　　（b）K 分布

图 3.38　RCS 概率密度分布（入射俯仰角 90°，所有接收角度）

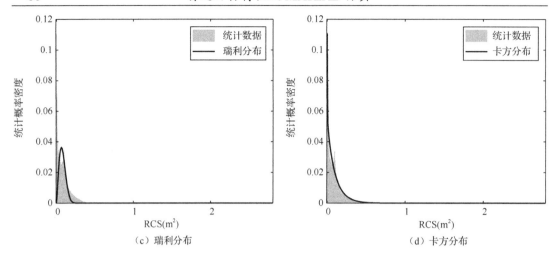

图 3.38　RCS 概率密度分布（入射俯仰角 90°，所有接收角度）（续）

3.5　雷达目标动态 RCS 仿真算例

目标静态 RCS 可以视为雷达视线入射姿态角的函数，动态 RCS 可以视为时间的函数。目标飞行过程中，雷达视线入射姿态角随时间不断变化，时变的姿态角信息是静态 RCS 到动态 RCS 的桥梁。

静态 RCS 数据包括理论计算、暗室测量、外场静态测量等获取的结果，动态 RCS 数据通常指目标特性测量雷达系统对实际飞行测试目标的测量结果。目前，关于静态和动态没有明确定义，一些考虑了目标简单运动参数的 RCS 数据常被称为"动态"特性，这些结果与真实的动态 RCS 仍然相去甚远。本节给出静态和动态的定义，以明确本章所指雷达目标动态 RCS 特性的研究范畴。

1. 静态的定义

静态是指目标位置不动，雷达以某一固定的俯仰角进行全方位测量目标 RCS 的方式。为直观反映目标全向散射特性，静态测量结果通常以极坐标形式呈现。由于目标实际飞行过程中雷达视线俯仰角不可能为固定值，入射方位也不可能呈现均匀间隔步进，因此静态 RCS 反映的姿态范围几乎都不是实际雷达照射到的范围，利用静态数据分析目标特性仅具有理论参考价值。

2. 准动态的定义

"准动态"考虑了雷达观测目标的时序信息，结合目标理想运动参数细化了静态全向 RCS 特性，是利用静态 RCS 特性分析动态目标的一种可能途径。具体根据目标与雷达的位置关系变化确定雷达视线实时照射到的方位角，将静态的全向散射特性明确为几个方位区间。之所以称其为"准动态"，一是因为其将目标运动视为质心运动，仅考虑了从目标航迹起始点到航迹终止点最简单的位移因素，而将高度、速度、加速度、姿态等动态因素视为常数或者做其他理想化处理；二是因为仅在方位上研究目标特性，忽略了俯仰维的信息。

3. 动态的定义

本书讨论的"动态"相对于前两种定义更加接近目标飞行的实际情况。动态测量数据区别于静态数据的机理包括：

（1）目标运动引入的姿态角实时变化。

（2）上升气流和侧向风导致的飞行姿态扰动。

（3）振动效应：如晴空湍流导致的机翼颤振。

（4）转动效应：如飞行控制方向舵自主转动。

（5）形变效应：目标机动飞行机体结构变化。

（1）和（2）是主要因素，它反映了目标运动时真实的雷达特性；（3）～（5）是次要因素，如果选择合适的工作频段，振动、转动和形变效应引入的附加运动幅度小于波长量级，其影响可以忽略。

姿态角包含方位和俯仰两维信息。准动态定义根据雷达视线实时对应的目标方位角从全方位向 RCS 静态数据中插值生成动态 RCS 序列，但是忽略了俯仰信息，无法保证 RCS 的完整性和可信度。显然准动态定义与静态定义一样，是一种简化的描述目标 RCS 的范式，如图 3.39（a）所示；另一种较复杂的范式如图 3.39（b）所示。

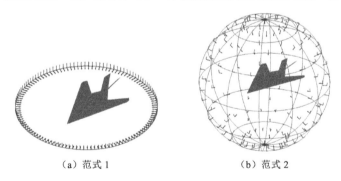

（a）范式 1　　　　　　　　　（b）范式 2

图 3.39　描述目标 RCS 特性的两种范式

图 3.39（b）在 4π 立体角内获取目标 RCS，如果方位和俯仰采样足够密，RCS 将是一个确定的数据集，RCS 起伏本质上是由姿态角的实时变化和随机扰动引入的。设定战情下雷达视线的两维姿态角时间序列，体现在几何上是图 3.39（b）球面上一条不规则曲线，据此利用静态 RCS 模型进行插值将比较逼真地获取目标动态 RCS。

3.5.1　飞机平动

通过大量试验或仿真确定目标在典型飞行状态下雷达照射的姿态角范围是可行的，据此进行电磁计算和统计分析将比利用静态 RCS 特性更具合理性。因此本节将把两维姿态角变化引入的动态因素作为主要仿真内容。

1. 坐标系定义及其变换关系

坐标系及相关参量定义以 GB/T 14410.1—2008"飞行力学　概念、量和符号　第 1 部分：坐标轴系和运动状态变量"为依据。表 3.4 列出了常用坐标系定义，表 3.5 列出了常用坐标系和角度定义，图 3.40 给出了雷达坐标系和机体坐标系示意图。

表 3.4　常用坐标系定义

序　号	术　语	定　义	符　号
1	雷达坐标系	原点在雷达处，Ox_g 向东，Oy_g 向北，Oz_g 按右手定则	$Ox_gy_gz_g$
2	机体坐标系	固定于飞机上，原点位于质心，Ox_b 在对称平面内指向前方，Oy_b 垂直于对称平面向左，Oz_b 按右手定则	$Ox_by_bz_b$
3	航迹坐标系	原点固定于质心，Ox_k 沿速度方向，Oz_k 在包含 Ox_k 的铅垂平面内，垂直于 Ox_k 指向上方，Oy_k 按右手定则	$Ox_ky_kz_k$
4	气流坐标系	原点固定于质心，Ox_a 沿速度方向，Oz_a 在对称平面内垂直 Ox_a 指向上方，Oy_a 按右手定则	$Ox_ay_az_a$

表 3.5　常用坐标系和角度定义

序　号	术　语	定　义	符　号
1	偏航角	Ox_b 在水平面上的投影与 Ox_g 的夹角	ψ
2	俯仰角	Ox_b 与水平面的夹角	θ
3	滚转角	Oz_b 与过 Ox_b 的铅垂面的夹角	φ
4	航迹偏转角	速度矢量在水平面上的投影线与 Ox_g 的夹角	ψ_s
5	航迹倾斜角	速度矢量与水平面的夹角	γ_s
6	速度滚转角	包含速度矢量的铅垂面与飞机对称平面的夹角	η_s
7	侧滑角	飞行速度与飞机对称平面的夹角	β
8	迎角	飞行速度在飞机对称平面的投影与 Ox_b 的夹角	α

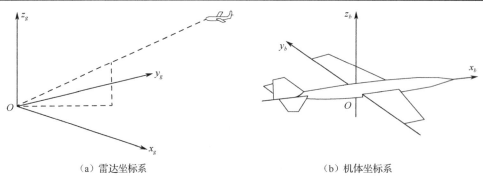

（a）雷达坐标系　　　　　　　　　　　（b）机体坐标系

图 3.40　雷达坐标系和机体坐标系的示意图

设空间矢量 r 在坐标系 S_p 和 S_q 中表示为 (x_p,y_p,z_p) 和 (x_q,y_q,z_q)，S_p 到 S_q 的变换通过坐标轴旋转实现，体现在数学上是左乘一个变换矩阵 $\boldsymbol{B}_{qp}$：

$$\begin{bmatrix} x_q \\ y_q \\ z_q \end{bmatrix} = \boldsymbol{B}_{qp} \begin{bmatrix} x_p \\ y_p \\ z_p \end{bmatrix} = \begin{bmatrix} b_{11} & b_{12} & b_{13} \\ b_{21} & b_{22} & b_{23} \\ b_{31} & b_{32} & b_{33} \end{bmatrix} \begin{bmatrix} x_p \\ y_p \\ z_p \end{bmatrix} \tag{3.20}$$

变换矩阵的元素对应各坐标轴间的方向余弦，即

$$\left. \begin{aligned} b_{11} &= \cos(x_p, x_q), b_{12} = \cos(y_p, x_q), b_{13} = \cos(z_p, x_q) \\ b_{21} &= \cos(x_p, y_q), b_{22} = \cos(y_p, y_q), b_{23} = \cos(z_p, y_q) \\ b_{31} &= \cos(x_p, z_q), b_{32} = \cos(y_p, z_q), b_{33} = \cos(z_p, z_q) \end{aligned} \right\} \tag{3.21}$$

任意两个坐标系的变换矩阵都可通过三种基元变换矩阵相乘得到，图 3.41 给出了绕 z 轴、y 轴和 x 轴旋转的基元变换示意图。

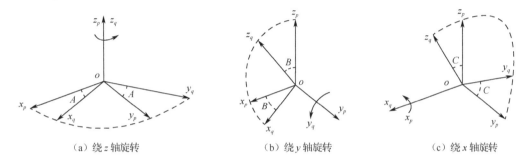

(a) 绕 z 轴旋转   (b) 绕 y 轴旋转   (c) 绕 x 轴旋转

图 3.41 坐标系基元变换示意图

根据式（3.21）求解各基元变换矩阵 $(R_z[A], R_y[B], R_x[C])$ 得：

$$\begin{pmatrix} \left(R_z\left[A\right]\right)^{\mathrm{T}} \\ R_y\left[B\right] \\ R_x\left[C\right] \end{pmatrix} = \left(\begin{bmatrix} \cos A & \sin A & 0 \\ -\sin A & \cos A & 0 \\ 0 & 0 & 1 \end{bmatrix}, \begin{bmatrix} \cos B & 0 & -\sin B \\ 0 & 1 & 0 \\ \sin B & 0 & \cos B \end{bmatrix}, \begin{bmatrix} 1 & 0 & 0 \\ 0 & \cos C & \sin C \\ 0 & -\sin C & \cos C \end{bmatrix} \right) \tag{3.22}$$

基元变换旋转的欧拉角正方向根据右手定则确定。

两个坐标系间的变换可以通过不同的基元变换组合实现，但对于一组确定的基元变换组合，其旋转顺序也是确定的。GB/T 14410.1—2008 中明确了各坐标系相互关系及任意两个坐标系间的基元变换组合，如图 3.42 所示。

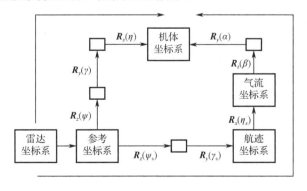

图 3.42 坐标系变换关系示意图

任意两个坐标系的变换矩阵都可以根据图 3.42 明确的旋转顺序得到，即按照与基元变换相反的顺序写成各基元变换矩阵乘积的形式。

2. 飞机目标动态 RCS 建模

仿真流程包含飞行动力、航路生成、姿态解算和电磁计算四步，如图 3.43 所示。

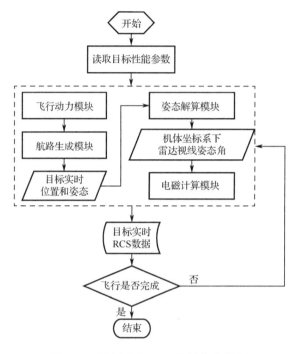

图 3.43 目标动态 RCS 特性仿真流程

步骤 1：读取目标性能参数。

步骤 2：仿真设定航路下目标在雷达坐标系中的位置矢量、速度矢量和姿态角。

步骤 3：通过坐标系变换，确定雷达视线在机体坐标系中的时变姿态角。

步骤 4：利用姿态角开展电磁计算，获取的 RCS 时间序列即为相应的动态 RCS。

仿真方法介绍仍然以 F-117A 为例，表 3.6 列出了其性能参数。

表 3.6 F-117A 隐身攻击机主要性能参数

性 能	参 数	性 能	参 数
长度	20.09m	最大推力	97.8kN
翼展	13.20m	最大速度	1040km/h
高度	3.78m	限制过载	+6g
机翼面积	84.8m^2	实用升限	10km
展弦比	2.05	巡航高度	7.6km
空重	13 381kg	攻击高度	1km

a. 飞行动力学建模

输入参数：目标性能参数、标准大气表。

输出参数：任意高度下目标最大平飞速度、巡航速度和最陡上升速度及相应的空气动力。

在航迹坐标系建立目标质心运动方程。描述目标质心运动的基础是动量定理：

$$m\frac{\mathrm{d}V}{\mathrm{d}t} = F \qquad (3.23)$$

式中，m 为目标质量，V 为目标速度矢量，F 为作用于质心处外力的合力。

将速度 V 和航迹坐标系相对雷达坐标系的角速度 ω 投影到航迹坐标系上有：

$$V = V_x \boldsymbol{i} + V_y \boldsymbol{j} + V_z \boldsymbol{k} \qquad (3.24)$$

$$\boldsymbol{\omega} = \omega_x \boldsymbol{i} + \omega_y \boldsymbol{j} + \omega_z \boldsymbol{k} \qquad (3.25)$$

式中，$\boldsymbol{i}$，$\boldsymbol{j}$，$\boldsymbol{k}$ 为航迹坐标系的单位矢量。

对速度矢量取微分有：

$$\frac{\mathrm{d}V}{\mathrm{d}t} = \frac{\mathrm{d}V_x}{\mathrm{d}t}\boldsymbol{i} + \frac{\mathrm{d}V_y}{\mathrm{d}t}\boldsymbol{j} + \frac{\mathrm{d}V_z}{\mathrm{d}t}\boldsymbol{k} + V_x\frac{\mathrm{d}\boldsymbol{i}}{\mathrm{d}t} + V_y\frac{\mathrm{d}\boldsymbol{j}}{\mathrm{d}t} + V_z\frac{\mathrm{d}\boldsymbol{k}}{\mathrm{d}t} \qquad (3.26)$$

式中，单位矢量的导数表示矢量端点的速度。

由于矢端曲线是绕 ω 旋转的圆，根据力学原理有 $\dfrac{\mathrm{d}\boldsymbol{i}}{\mathrm{d}t} = \boldsymbol{\omega} \times \boldsymbol{i}$，$\dfrac{\mathrm{d}\boldsymbol{j}}{\mathrm{d}t} = \boldsymbol{\omega} \times \boldsymbol{j}$，

$\dfrac{\mathrm{d}\boldsymbol{k}}{\mathrm{d}t} = \boldsymbol{\omega} \times \boldsymbol{k}$。令 $\dfrac{\delta V}{\delta t} = \dfrac{\mathrm{d}V_x}{\mathrm{d}t}\boldsymbol{i} + \dfrac{\mathrm{d}V_y}{\mathrm{d}t}\boldsymbol{j} + \dfrac{\mathrm{d}V_z}{\mathrm{d}t}\boldsymbol{k}$，质心运动方程矢量形式可表示为：

$$m\left(\frac{\delta V}{\delta t} + \boldsymbol{\omega} \times V\right) = F \qquad (3.27)$$

F 在航迹坐标系的投影可表示为 $F = F_x\boldsymbol{i} + F_y\boldsymbol{j} + F_z\boldsymbol{k}$，将式（3.27）表示为：

$$\left. \begin{aligned} m\left(\frac{\mathrm{d}V_x}{\mathrm{d}t} + V_z\omega_y - V_y\omega_z\right) &= F_x \\ m\left(\frac{\mathrm{d}V_y}{\mathrm{d}t} + V_x\omega_z - V_z\omega_x\right) &= F_y \\ m\left(\frac{\mathrm{d}V_z}{\mathrm{d}t} + V_y\omega_x - V_x\omega_y\right) &= F_z \end{aligned} \right\} \qquad (3.28)$$

下面将速度、角速度、推力、空气动力和重力矢量分别投影到航迹坐标系上，并假设飞行速度方向始终位于飞机对称平面，即 $\beta \equiv 0$。

飞行速度方向沿 Ox_k：

$$[V_x \; V_y \; V_z]_k^{\mathrm{T}} = [V \; 0 \; 0]^{\mathrm{T}} \qquad (3.29)$$

定义航迹偏转角速度 $\dot{\psi}_s = \mathrm{d}\psi_s/\mathrm{d}t$，航迹倾斜角速度 $\dot{\gamma}_s = \mathrm{d}\gamma_s/\mathrm{d}t$。

雷达坐标系到航迹坐标系的变换，先以 $\dot{\psi}_s$ 绕 Oz_g 转动，再以 $\dot{\gamma}_s$ 绕 Oy_k 转动形成。角速度 ω 在航迹坐标系上的投影表示为：

$$\begin{bmatrix} \omega_x \\ \omega_y \\ \omega_z \end{bmatrix}_k = \boldsymbol{B}_{kg} \begin{bmatrix} 0 \\ 0 \\ \dot{\psi}_s \end{bmatrix} + \begin{bmatrix} 0 \\ \dot{\gamma}_s \\ 0 \end{bmatrix} = \begin{bmatrix} -\dot{\psi}_s \sin\gamma_s \\ \dot{\gamma}_s \\ \dot{\psi}_s \cos\gamma_s \end{bmatrix} \tag{3.30}$$

推力 T 与 Ox_b 近似重合，其在航迹坐标系上的投影为：

$$\begin{bmatrix} T_x \\ T_y \\ T_z \end{bmatrix}_k = \boldsymbol{B}_{kb} \begin{bmatrix} T \\ 0 \\ 0 \end{bmatrix} = T \begin{bmatrix} \cos\alpha \\ \sin\alpha\sin\eta_s \\ -\sin\alpha\cos\eta_s \end{bmatrix} \tag{3.31}$$

空气动力 A（升力 L 和阻力 D 的合力）定义在气流坐标系上，即 $[A_x\ A_y\ A_z]_a^{\mathrm{T}} = [-D\ 0\ L]^{\mathrm{T}}$，其在航迹坐标系上的投影表示为：

$$\begin{bmatrix} A_x \\ A_y \\ A_z \end{bmatrix}_k = \boldsymbol{B}_{ka} \begin{bmatrix} -D \\ 0 \\ L \end{bmatrix} = \begin{bmatrix} -D \\ -L\sin\eta_s \\ L\cos\eta_s \end{bmatrix} \tag{3.32}$$

空气动力 A 是大气密度 ρ、飞行速度 V 和机翼面积 S 的函数，具体为：

$$L = C_L \frac{1}{2} \rho V^2 S \tag{3.33}$$

$$D = C_D \frac{1}{2} \rho V^2 S \tag{3.34}$$

式中，C_L、C_D 为升力系数和阻力系数，定义其比值为升阻比 $K = C_L/C_D$。

与升力无关的阻力称为零升阻力，升力引起的阻力称为升致阻力。对于阻力系数：

$$C_D = C_{D0} + C_{Di} = C_{D0} + AC_L^2 \tag{3.35}$$

式中，C_{D0} 为零升阻力系数，亚音速时近似为常数；C_{Di} 为升致阻力系数；A 为升致阻力因子，亚音速时与目标展弦比成反比。

重力 $W = mg$ 的方向沿 Oz_g 方向，其在航迹坐标系上的投影表示为：

$$m \begin{bmatrix} g_x \\ g_y \\ g_z \end{bmatrix}_k = \boldsymbol{B}_{kg} m \begin{bmatrix} 0 \\ 0 \\ -g \end{bmatrix} = m \begin{bmatrix} g\sin\gamma_s \\ 0 \\ -g\cos\gamma_s \end{bmatrix} \tag{3.36}$$

将式（3.29）～式（3.32）、式（3.36）代入式（3.28），得到航迹坐标系质心运动方程：

$$\left. \begin{aligned} m \frac{\mathrm{d}V}{\mathrm{d}t} &= T\cos\alpha - D + mg\sin\gamma_s \\ mV\cos\gamma_s \frac{\mathrm{d}\psi_s}{\mathrm{d}t} &= T\sin\alpha\sin\eta_s - L\sin\eta_s \\ -mV \frac{\mathrm{d}\gamma_s}{\mathrm{d}t} &= -T\sin\alpha\cos\eta_s + L\cos\eta_s - mg\cos\gamma_s \end{aligned} \right\} \tag{3.37}$$

动态测量时，飞行迎角不太大，式（3.37）可简化为：

$$
\left.\begin{array}{l}
m\dfrac{\mathrm{d}V}{\mathrm{d}t} = T - D + mg\sin\gamma_s \\[2mm]
mV\cos\gamma_s\dfrac{\mathrm{d}\psi_s}{\mathrm{d}t} = -L\sin\eta_s \\[2mm]
-mV\dfrac{\mathrm{d}\gamma_s}{\mathrm{d}t} = L\cos\eta_s - mg\cos\gamma_s
\end{array}\right\}
\tag{3.38}
$$

过载是描述目标质心运动的重要概念，定义为空气动力 A 和发动机推力 T 的合力 N 与飞机重量 W 之比，记作 n，按定义有 $n = N/W$。

将过载投影到航迹坐标系有：

$$
\left.\begin{array}{l}
n_x = \dfrac{T - D}{W} \\[2mm]
n_y = \dfrac{-L\sin\eta_s}{W} \\[2mm]
n_z = \dfrac{L\cos\eta_s}{W}
\end{array}\right\}
\tag{3.39}
$$

式中，n_x 称为切向过载；n_y 和 n_z 的联合过载 $n_n = \sqrt{n_y^2 + n_z^2}$ 称为法向过载。

以下介绍发动机推力和空气动力估算方法。

标称的发动机最大推力 $T_{\max}$ 是在地面试车台上测得的，实际飞行中必然产生推力损失。给定高度下发动机最大推力 T_a 估算公式为：

$$
T_a = T_{\max}\left(1 - 0.03125\frac{H}{500}\right)
\tag{3.40}
$$

F-117A 采用两台通用电气公司 F404-GE-F1D2 无后燃器型涡轮扇发动机，单台最大推力为 48.9kN。表 3.7 给出了该发动机常用工作状态。

表 3.7　F404-GE-F1D2 无后燃器型涡轮扇发动机常用工作状态

状 态 名 称	适 用 情 况	相 对 推 力	持 续 时 间
最大状态	起飞、上升、平飞加速	100%	受限
额定状态	较长时间的平飞和上升	90%	较长
巡航状态	巡航飞行	70%	不限
慢车状态	俯冲	5%	受限

下面给出任意速度 V_i 平飞时阻力的求法。

第一步：求升力系数 $C_L(V_i)$。平飞时升力等于重力，由式（3.33）有 $C_L(V_i) = 2W/\rho V_i^2 S$。

第二步：求零升阻力系数 C_{D0}。利用最大速度 $V_{\max}$ 这一已知的特殊情况求解 C_{D0}。最大速度出现在巡航高度的平飞阶段，此时升力等于重力，阻力等于发动机在巡航高度能够提供的最大推力，有

$$
K(V_{\max}) = \frac{L}{D} = \frac{W}{T_a} = \frac{C_L(V_{\max})}{C_D(V_{\max})}
\tag{3.41}
$$

据此求解 $C_D(V_{\max})$，代入式（3.35）解出 C_{D0}。

第三步：根据式（3.34）、式（3.35）确定以任意速度 V_i 平飞时的阻力。

图 3.44 给出了巡航高度下平飞需用推力随飞行速度的变化曲线。

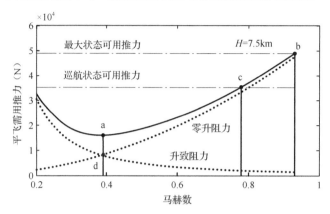

图 3.44　巡航高度下平飞需用推力相对飞行速度的曲线

图中两条点画线表示发动机最大状态和巡航状态的可用推力，与平飞需用推力曲线交于 b、c 两点，对应的速度分别为最大速度和巡航速度。d 点为升致阻力和零升阻力的交点，a 点为平飞需用推力最小值，对应的速度称为有利速度。该速度恰好是飞机爬升时的最陡上升速度。

图 3.45 给出了不同高度下速度相对平飞需用推力的曲线。

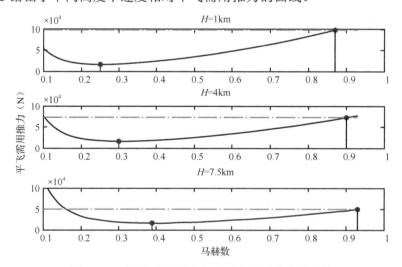

图 3.45　不同高度下速度相对平飞需用推力的曲线

图中点画线为各高度层发动机的最大可用推力。可见，不同高度层最大速度相差不大，而最陡上升速度将随高度的升高显著变大。

b. 航路生成建模

输入参数：航路设定参数，空气动力。

输出参数：目标位置、速度矢量和姿态角。

动态测量常用航路包括侧站平飞、背站拉起、对站俯冲和侧站盘旋。

1）侧站平飞

侧站平飞的受力分析如图 3.46 所示。

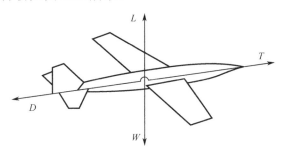

图 3.46 侧站平飞受力分析图

飞行条件：无倾斜（$\eta_s = 0$），航迹偏转角恒定（$\dot{\psi}_s = 0$），速度恒定（$dV/dt = 0$），航迹倾斜角恒为零（$\dot{\gamma}_s = \gamma_s = 0$）。平飞时发动机推力称为平飞需用推力，以 T_R 表示。将飞行条件代入式（3.38），得侧站平飞动力学模型：

$$\left.\begin{array}{r} T = D \\ L = W \end{array}\right\} \tag{3.42}$$

航路选取需满足俯仰角覆盖范围、方位角覆盖范围和远场条件。

俯仰角覆盖范围：理论上要求航线远端为航线上相对雷达仰角为 0° 的点，即

$$R_0 = \sqrt{2a_e(h_t - h_a)} \tag{3.43}$$

式中，R_0 为航线远端到雷达的斜距；h_t 为飞行高度；h_a 为雷达天线架设高度；a_e 为等效地球曲率半径，取 8493km。

如果忽略雷达天线架设高度，目标在巡航高度飞行时，根据巡航飞行高度参数和雷达视距计算公式，要求斜距 R_0 为 345km 以上才能保证雷达仰角从 0° 开始，按照这种航迹开展试验代价很大。实测时，航线远端相对雷达仰角略小于 20° 即可。

方位角覆盖范围：要求航线远端与雷达连线相对航路捷径 r 的夹角不小于 70°，使方位角覆盖范围能够达到 20°～160°，即

$$r \leqslant R_0 \cos 70° \tag{3.44}$$

远场条件：

$$r \geqslant 2d^2/\lambda \tag{3.45}$$

式中，d 为目标横向尺寸。

为测试不同俯仰角下 RCS 的变化规律，选取两条航线，其在地面的投影重合，分别采用巡航和半巡航高度飞行，航线中点为雷达顶空。取航路捷径为 5km，航线远端到航线中点的距离为 20km，容易验证该飞行航迹满足式（3.43）～式（3.45）。

巡航高度飞行时飞行航迹及其地面投影如图 3.47 所示。图中实心球表示目标，五角星表示雷达，其间连线为雷达视线。

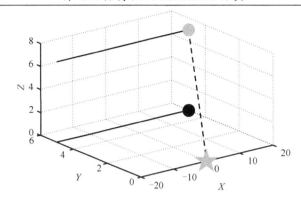

图 3.47　侧站平飞飞行航路

图 3.48 给出了侧站平飞时目标相对雷达的视线角相对时间的曲线。由图可见，飞行高度不同导致俯仰角覆盖范围差异接近 20°。

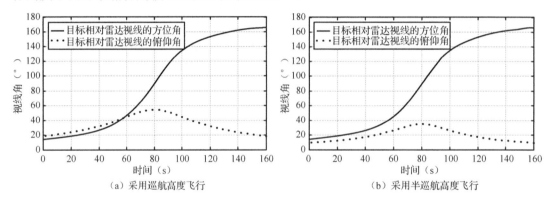

（a）采用巡航高度飞行　　　　　　　　（b）采用半巡航高度飞行

图 3.48　侧站平飞时目标相对雷达的视线角相对时间的曲线

2）背站拉起
背站拉起的受力分析如图 3.49 所示。

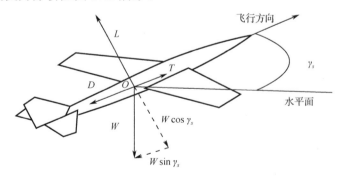

图 3.49　背站拉起受力分析图

考虑高度对飞行参数的影响，将每 500m 划分一个高度层，假设高度层内大气密度、声速、平飞需用推力和最陡上升速度恒定。在某一高度层内，发动机工作在最大状态，目标采用最陡上升速度匀速拉起。

根据欧拉角正方向定义，背站拉起时 $\gamma_s \leqslant 0$，其余飞行条件与侧站平飞相同。将飞行条件代入式（3.38）得到背站拉起的动力学模型：

$$\left.\begin{array}{l} T_a = D + W\sin\gamma_s \\ L = W\cos\gamma_s \end{array}\right\} \tag{3.46}$$

拉起所需升力比平飞所需升力小，阻力 D 也小于平飞需用推力 T_R。当 γ_s 不很大时，认为升力等于重力，阻力等于对应飞行速度的平飞需用推力，将式（3.46）改写为

$$\left.\begin{array}{l} T_a = T_R + W\sin\gamma_s \\ L = W \end{array}\right\} \tag{3.47}$$

设目标由攻击高度拉起至巡航高度，根据式（3.47）求解航迹倾斜角并绘制其相对时间的曲线，如图 3.50 所示。

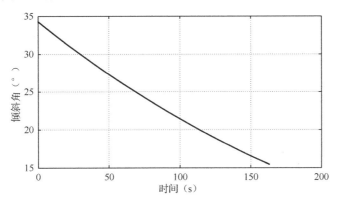

图 3.50　背站拉起时航迹倾斜角相对时间的曲线

随着高度的升高，航迹倾斜角将逐渐变小。背站拉起时，航迹倾斜角是随时间的缓变量，其变化是航迹和姿态建模中必须考虑的因素。

拉起起始位置影响测量的俯仰角覆盖范围，方位角恒为 180°，关心机尾视向对应的俯仰角。起始位置在地面投影距雷达 12km 时可获得超过 30° 的俯仰角覆盖范围。图 3.51 给出了飞行航迹及其地面投影。

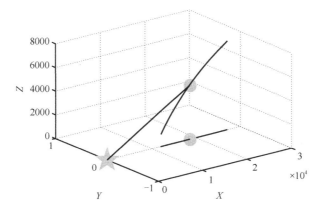

图 3.51　背站拉起飞行航迹及其地面投影

图 3.52 反映了背站拉起时视线俯仰角的变化情况。

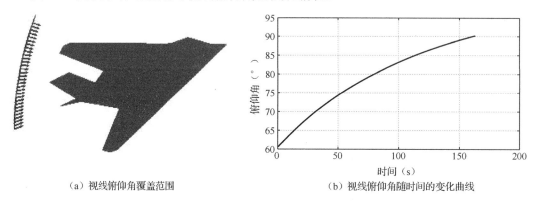

　（a）视线俯仰角覆盖范围　　　　　　　　（b）视线俯仰随时间的变化曲线

图 3.52　背站拉起时视线俯仰角的变化情况

3）对站俯冲

对站俯冲的受力分析如图 3.53 所示。

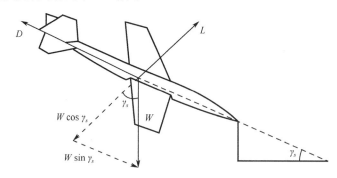

图 3.53　对站俯冲受力分析图

俯冲过程发动机推力近似为零，由式（3.38）得到对站俯冲动力学模型：

$$\left.\begin{array}{l} \dfrac{\mathrm{d}V}{\mathrm{d}t}=-\dfrac{g}{W}(D-W\sin\gamma_s) \\ L=W\cos\gamma_s \end{array}\right\} \tag{3.48}$$

俯冲改出段高度大幅下降，航迹倾斜角需保证改出俯冲高度损失小于开始改出俯冲的高度。这里不加证明地给出改出俯冲高度损失计算公式：

$$\Delta H=\frac{V_1^2}{2g}\left[\left(\frac{n_z-\cos\gamma_s}{n_z-1}\right)^2-1\right] \tag{3.49}$$

式中，V_1 为开始改出俯冲时的速度；n_z 为平均过载。

采用 45° 航迹倾斜角由巡航高度俯冲至攻击高度，满足式（3.49）。俯冲起点影响俯仰角覆盖范围：方位角恒为 0°，俯冲起点在地面投影距雷达 10km 时可获得超过 20°的俯仰角覆盖范围。图 3.54 给出了飞行航迹及其地面投影。

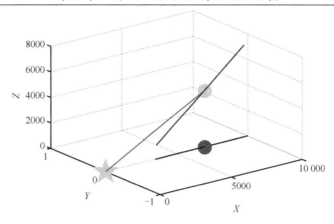

图 3.54　对站俯冲飞行航迹及其地面投影

图 3.55 反映了对站俯冲时视线俯仰角的变化情况。

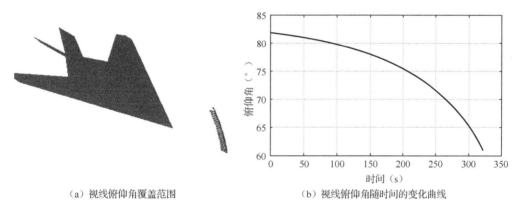

（a）视线俯仰角覆盖范围　　　　　　　　（b）视线俯仰角随时间的变化曲线

图 3.55　对站俯冲时视线俯仰角变化情况

4）侧站盘旋

侧站盘旋近似为匀速圆周运动，其受力分析如图 3.56 所示。

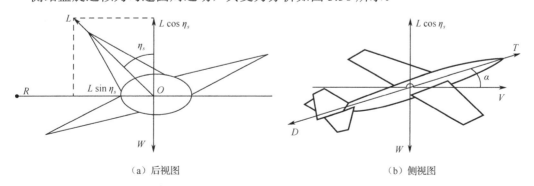

（a）后视图　　　　　　　　　　　　　　（b）侧视图

图 3.56　侧站盘旋受力分析图

飞行条件：速度恒定，航迹倾斜角恒为零，速度滚转角和盘旋半径亦不随时间改变。将飞行条件代入式（3.38），并注意到 $\dot{\psi}_s = V/R$，得侧站盘旋的动力学模型：

$$\left.\begin{array}{l} T = D \\[2mm] \dfrac{W}{g}\dfrac{V^2}{R} = -L\sin\eta_s \\[2mm] L\cos\eta_s = W \end{array}\right\} \tag{3.50}$$

盘旋时承托飞机重量的垂直升力减小了，应略加大迎角以提高升力。迎角提高，阻力随之变大，飞行速度会降低，但 $\gamma_s \le 30°$ 时可忽略减速现象。

根据式（3.50）可以得到盘旋半径 R、盘旋角速度 $\dot\psi_s$ 和盘旋周期 $t_{2\pi}$ 的计算公式：

$$R = \frac{1}{g}\frac{V^2}{n_n\sin\eta_s} = \frac{1}{g}\frac{V^2}{\sqrt{n_n^2-1}} \tag{3.51}$$

$$\dot\psi_s = \frac{V}{R} = \frac{g\sqrt{n_n^2-1}}{V} \tag{3.52}$$

$$t_{2\pi} = \frac{2\pi R}{V} = \frac{2\pi V}{g\sqrt{n_n^2-1}} \tag{3.53}$$

设目标在攻击高度以巡航速度（0.71Ma）盘旋，速度滚转角 $\eta_s = 30°$ 以忽略迎角增大引入的减速效应。为维持盘旋，需提高迎角使升力系数为平飞时的 $1/\cos\eta_s$ 倍。

升力系数在小迎角范围表示为：

$$C_L = C_{L\alpha}(\alpha - \alpha_0) \tag{3.54}$$

式中，$C_{L\alpha} = \partial C_L/\partial\alpha$ 为升力系数斜率，与目标气动外形和马赫数有关。

对于展弦比为 2，$V = 0.71$Ma 的目标，$C_{L\alpha} \approx 0.06$。α_0 为零升迎角，其值可利用平飞时（$\alpha = 0$）的升力系数求解，最终求得维持盘旋所需的迎角 $\alpha \approx 7.4°$。

设航迹在地面投影的圆心距雷达 20km，图 3.57 给出了其飞行航迹。

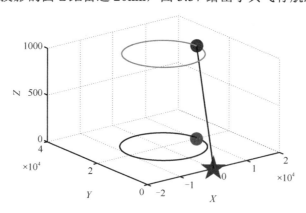

图 3.57　侧站盘旋飞行航迹

图 3.58 给出了侧站盘旋时视线方位角、俯仰角相对时间的曲线。

c. 姿态解算方法

输入参数：目标实时位置矢量和飞行姿态。

输出参数：机体坐标系下雷达视线姿态角。

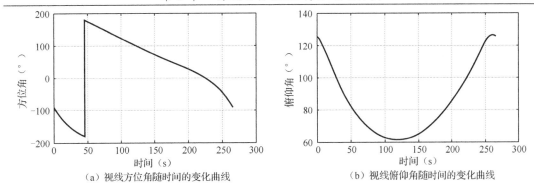

（a）视线方位角随时间的变化曲线　　　　（b）视线俯仰角随时间的变化曲线

图 3.58　侧站盘旋时视线姿态角相对时间的曲线

合作目标动态测量利用欧拉角按照图 3.42 左侧途径进行姿态解算。GB/T 14410.1—2008 明确了由雷达坐标系变换到机体坐标系采用的旋转顺序：第一步，Ox_g 和 Oy_g 绕 Oz_g 转动 ψ，使 Ox_g 与 Ox_b 在过原点水平面上的投影相重合；第二步，Ox_g 转过 ψ 角度后，在铅垂面内再绕转过 ψ 角度后的 Oy_g 转动 γ 与 Ox_b 相重合；第三步，已转过 ψ 角度后的 Oy_g 绕 Ox_b 转动 η 与 Oy_b 相重合。图 3.59 给出了雷达坐标系到机体坐标系的变换示意图。

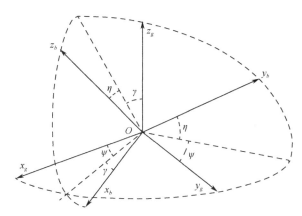

图 3.59　合作目标雷达坐标系到机体坐标系变换示意图

实测时目标搭载陀螺仪等实时录取自身的偏航角、俯仰角和滚转角，只要仪表与测量雷达时间同步，变换矩阵 $\boldsymbol{B}_{bg}$ 可直接利用下式得到：

$$\boldsymbol{B}_{bg} = \boldsymbol{R}_x(\eta)\boldsymbol{R}_y(\gamma)\boldsymbol{R}_z(\psi) \tag{3.55}$$

非合作目标欧拉角不可知，式（3.55）提供的途径无法实现。需要按照图 3.42 右侧途径求解，变换角度由飞行动力模块和航路生成模块确定，从而雷达坐标系到机体坐标系的变换矩阵 $\boldsymbol{B}_{bg}$ 为：

$$\boldsymbol{B}_{bg} = \boldsymbol{R}_y(\alpha)\boldsymbol{R}_z(\beta)\boldsymbol{R}_x(\eta_s)\boldsymbol{R}_y(\gamma_s)\boldsymbol{R}_z(\psi_s) \tag{3.56}$$

雷达视线在机体坐标系上的姿态角如图 3.60 所示。雷达视线方位角 ϕ 表示雷达视线在 $x_b - O - y_b$ 平面投影与 Ox_b 的夹角，$\phi \in [0°, 360°]$；雷达视线俯仰角 θ 表示雷达视线与

Oz_b 的夹角，$\theta \in [0°, 180°]$。

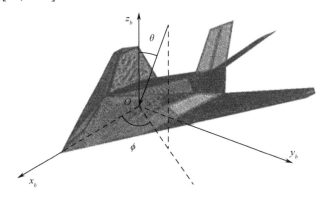

图 3.60　雷达视线在机体坐标系上的姿态角

设飞行时目标质心 O 在雷达坐标系上表示为 $(x_g(t), y_g(t), z_g(t))$，从雷达坐标系到机体坐标系的变换过程表示为：

$$\begin{bmatrix} x_b(t) \\ y_b(t) \\ z_b(t) \end{bmatrix} = \boldsymbol{B}_{bg} \begin{bmatrix} x - x_g(t) \\ y - y_g(t) \\ z - z_g(t) \end{bmatrix} \tag{3.57}$$

式中，(x, y, z) 为雷达坐标系上任一点的坐标，$(x_b(t), y_b(t), z_b(t))$ 为该点在机体坐标系上的坐标。$(x - x_g(t), y - y_g(t), z - z_g(t))$ 目的是将雷达坐标系原点平移到目标质心上，平移后的结果即为参考坐标系。

将雷达坐标系上雷达位置坐标 $(0,0,0)$ 代入式（3.57），得到雷达位置在机体坐标系上的坐标 $(x_b^0(t), y_b^0(t), z_b^0(t))$。设 $r(t)$ 为雷达位置到目标质心的斜距离，根据图 3.60 的几何关系可得时变的姿态角 $\phi(t)$ 和 $\theta(t)$ 的计算公式：

$$\phi(t) = \arctan \frac{y_b^0(t)}{x_b^0(t)} \tag{3.58}$$

$$\theta(t) = \arccos \frac{z_b^0(t)}{r(t)} \tag{3.59}$$

d. 电磁计算方法

输入参数：机体坐标系下雷达视线姿态角。

输出参数：目标实时 RCS 数据。

CadFEKO 可以设置均匀间隔的雷达视线姿态角，而对于姿态解算模块给出的时变姿态角需借助 EditFEKO 脚本编辑器编程读取。首先将二维姿态角数据保存为文本文件（data.txt），第一列为雷达视线俯仰角，第二列为雷达视线方位角。由于 EditFEKO 编程与常用程序语言在符号定义等方面略有不同，将姿态角数据文件读取语句共六行列出如下：

```
!!for #i =1 to #numangle
#theta=fileread("data.txt",#i,1)
```

```
#phi=fileread("data.txt",#i,2)
A0    0    1    1    1    0    #theta    #phi    90    0    0
FF: -2
!!next
```

利用 "#" 定义符号变量：#i 为计数变量；#numangle 为姿态角总数；#theta 为雷达视线俯仰角；#phi 为雷达视线方位角。循环体前需要加注 "!!"，!!for 表示循环开始，!!next 表示进入下一次循环。fileread 是读取文件内容的函数；A0 是线极化平面波入射设置函数，#theta 和#phi 作为该函数的两个输入变量，从而实现读取任意入射姿态角的目的。FF 为计算远场散射函数。

以下讨论电磁散射计算结果的读取。

对于均匀间隔的雷达视线姿态角，其 RCS 计算结果可以从 PostFEKO 连续读取。对于任意姿态入射的情形，5.4 版本的 FEKO 后处理模块中只能逐点显示，无法一次性导出。FEKO 的结果同时通过 ASCII 码（*.out）和二进制码（*.bof）输出，包含了七部分：雷达视线俯仰角、雷达视线姿态角、垂直接收的电场幅度和相位、水平接收的电场幅度和相位以及总的 RCS。通常更关心的是水平极化和垂直极化接收分别对应的 RCS 结果，需要根据 RCS 的定义利用水平和垂直接收的电场幅度结果计算求解之，具体 RCS 计算公式为：

$$\sigma = 4\pi R^2 \frac{|E_s|^2}{|E_i|^2} \tag{3.60}$$

式中，E_i 为入射到目标处的电场强度，E_s 为雷达处接收到的散射场强。E_s 隐含了距离 R 的因素，实质上与距离成反比，式（3.60）中乘上 R^2 抵消了距离因素，这与目标远场 RCS 与距离无关的结论是一致的。因此可定义变换因子 $k = 4\pi R^2 / |E_i|^2$，建立散射场强 E_s 到 RCS 间的变换关系：

$$\begin{bmatrix} \sigma_{\mathrm{HH}} & \sigma_{\mathrm{HV}} \\ \sigma_{\mathrm{VH}} & \sigma_{\mathrm{VV}} \end{bmatrix} = 4\pi R^2 \begin{bmatrix} \dfrac{|E_s^{\mathrm{H}}|^2}{|E_i^{\mathrm{H}}|^2} & \dfrac{|E_s^{\mathrm{H}}|^2}{|E_i^{\mathrm{V}}|^2} \\ \dfrac{|E_s^{\mathrm{V}}|^2}{|E_i^{\mathrm{H}}|^2} & \dfrac{|E_s^{\mathrm{V}}|^2}{|E_i^{\mathrm{V}}|^2} \end{bmatrix} \tag{3.61}$$

对于水平极化入射有变换因子 $k_{\mathrm{H}} = 4\pi R^2 / |E_i^{\mathrm{H}}|^2$；对于垂直极化入射有变换因子 $k_{\mathrm{V}} = 4\pi R^2 / |E_i^{\mathrm{V}}|^2$。以 k_{H} 为例，其求解公式为：

$$k_{\mathrm{H}} = \frac{\sigma_{\mathrm{HH}}}{|E_s^{\mathrm{H}}|^2} \tag{3.62}$$

由于变换因子与入射姿态无关，利用任何一个入射姿态的结果均可求解。某一姿态对应的 σ_{HH} 可以从 PostFEKO 直接读取，对应的 E_s^{H} 即为结果数据中的水平接收电场强度。

图 3.61 给出了巡航高度下侧站平飞时的散射特性结果。

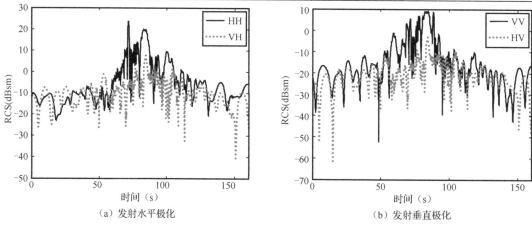

（a）发射水平极化　　　　　　　　　　（b）发射垂直极化

图 3.61　巡航高度下侧站平飞散射特性结果

表 3.8 列出了巡航高度下侧站平飞时主极化通道的 RCS 统计参数。

表 3.8　巡航高度下侧站平飞主极化通道的 RCS 统计参数（单位：dBsm）

极 化 方 式	中 　 值	极 大 值	极 小 值	极 　 差	线 性 均 值	对 数 均 值	标 准 差
HH	−8.61	23.61	−22.69	46.30	6.69	−5.95	9.18
VV	−17.66	9.13	−52.27	61.39	−4.06	−16.36	9.91

图 3.62 给出了半巡航高度下侧站平飞时的散射特性结果。

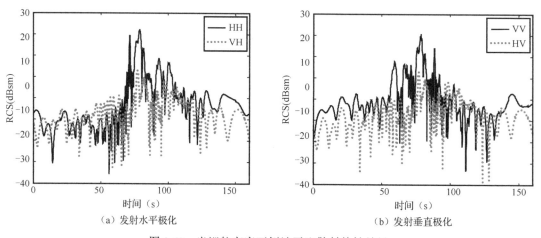

（a）发射水平极化　　　　　　　　　　（b）发射垂直极化

图 3.62　半巡航高度下侧站平飞散射特性结果

表 3.9 列出了半巡航高度侧站平飞时主极化通道的 RCS 统计参数。

表 3.9　半巡航高度下侧站平飞时主极化通道的 RCS 统计参数（单位：dBsm）

极 化 方 式	中 　 值	极 大 值	极 小 值	极 　 差	线 性 均 值	对 数 均 值	标 准 差
HH	−9.34	23.40	−36.12	59.52	6.38	−7.80	9.84
VV	−7.49	21.85	−34.31	56.16	4.26	−6.14	7.92

图 3.63 给出了背站拉起散射特性结果。

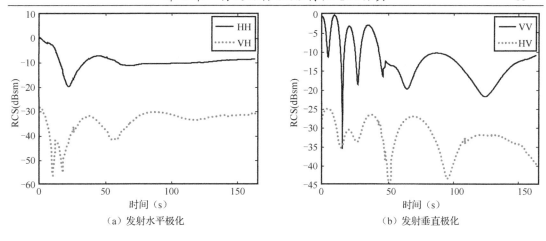

（a）发射水平极化　　　　　　　　　　　　（b）发射垂直极化

图 3.63　背站拉起散射特性结果

表 3.10 列出了背站拉起时主极化通道的 RCS 统计参数。

表 3.10　背站拉起时主极化通道的 RCS 统计参数（单位：dBsm）

极 化 方 式	中　　值	极　大　值	极　小　值	极　　差	线 性 均 值	对 数 均 值	标　准　差
HH	-9.92	0.57	-19.77	20.34	-8.16	-9.51	3.18
VV	-12.61	-0.21	-35.58	35.37	-8.94	-12.40	5.36

图 3.64 给出了对站俯冲时的散射特性结果。

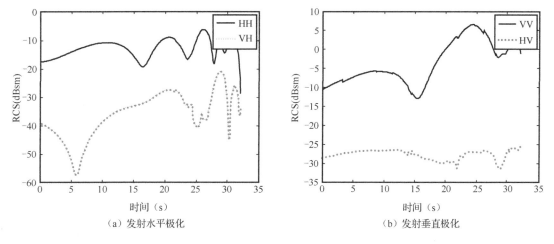

（a）发射水平极化　　　　　　　　　　　　（b）发射垂直极化

图 3.64　对站俯冲散射特性结果

表 3.11 列出了对站俯冲时主极化通道的 RCS 统计参数。

表 3.11　对站俯冲时主极化通道的 RCS 统计参数（单位：dBsm）

极 化 方 式	中　　值	极　大　值	极　小　值	极　　差	线 性 均 值	对 数 均 值	标　准　差
HH	-12.50	-6.20	-28.70	22.50	-11.98	-13.03	3.16
VV	-5.84	6.63	-12.89	19.52	-0.11	-3.59	5.61

图 3.65 给出了侧站盘旋时的散射特性结果。

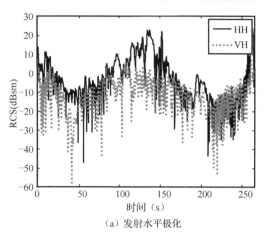

（a）发射水平极化

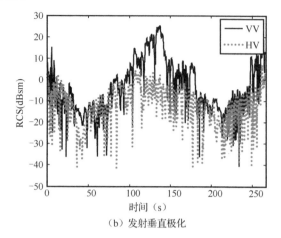

（b）发射垂直极化

图 3.65　侧站盘旋散射特性结果

表 3.12 列出了侧站盘旋时主极化通道的 RCS 统计参数。

表 3.12　侧站盘旋时主极化通道的 RCS 统计参数（单位：dBsm）

极 化 方 式	中　值	极 大 值	极 小 值	极　差	线 性 均 值	对 数 均 值	标 准 差
HH	-4.76	24.03	-47.31	71.35	9.25	-3.47	11.21
VV	-9.34	25.45	-40.60	66.05	10.96	-3.63	11.92

表 3.13 对比了四种典型航路下动态 RCS 仿真结果的统计参数，限于篇幅，仅给出 HH 极化的情形，交叉极化和 VV 极化的情形可以得到类似的结果。

表 3.13　典型航路动态 RCS 仿真结果统计参数（HH 极化）

航 路 类 型	统计参数（dBsm）				去相关时间（s）
	中　值	极　差	对 数 均 值	标 准 差	
侧站平飞	-8.61	46.30	-5.95	9.18	1.1
背站拉起	-9.92	20.34	-9.51	3.18	8.5
对站俯冲	-12.50	22.50	-13.03	3.16	22.7
侧站盘旋	-4.76	71.35	-3.47	11.21	2.0

综合分析仿真结果表明：

（1）作为外场动态测量目标全向散射特性的两种典型航路，侧站平飞和侧站盘旋结果表现出较好的一致性。

（2）背站拉起和对站俯冲与侧站结果差异明显。不同飞行状态下雷达照射的姿态范围不同，结果的巨大差异是必然的。

（3）典型航路去相关时间都在秒的量级，目标特性测量雷达 PRF 在千赫兹量级，可以认为回波相关特性为扫描间独立。包含了时序信息的动态 RCS 模型可以判定目标回波属于脉冲间独立还是扫描间独立，这是雷达系统性能分析的基础。

3. 飞行扰动对动态 RCS 的影响

a. 飞行扰动建模

假设目标主要气动参数的变化与扰动量为线性关系。同时，飞行中即使遇到相当强烈的扰动，有限时间内目标的线速度和角速度只是很小的变化量。上述假设就是飞行动力学理论中经典的小扰动假设，据此可将目标运动方程线性化。

若进一步假设目标对称平面处于铅垂位置且运动所在平面与对称平面重合，则线性扰动运动方程组可分离为彼此独立的两组，即纵向和横侧向小扰动方程组。

图 3.66 给出了扰动运动模态的分类。

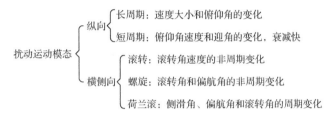

图 3.66 扰动运动模态分类

选取周期变化的主要扰动因素进行仿真，即纵向的俯仰角和横侧向的偏航角。

罗宏于 2000 年建立了飞行扰动模型：

$$\gamma_{t+1} = \gamma_t \rho + \sqrt{1-\rho}\, \mathrm{randn}_1(t+1)\sigma_\gamma \qquad (3.63)$$

$$\psi_{t+1} = \psi_t \rho + \sqrt{1-\rho}\, \mathrm{randn}_2(t+1)\sigma_\psi \qquad (3.64)$$

式中，γ_t, ψ_t 为 t 时刻俯仰角和偏航角的扰动量；$\rho = \exp(-\Delta t / T)$，$\Delta t$ 为取样间隔，T 为扰动周期；$\mathrm{randn}_1, \mathrm{randn}_2$ 服从 $[-1,+1]$ 上均值为 0、标准差为 1 的正态分布；$\sigma_\gamma, \sigma_\psi$ 为俯仰角和偏航角的扰动标准差。

式（3.63）和式（3.64）采用一阶 AR 模型描述飞行扰动，可将其改写为：

$$\theta_t - \rho\theta_{t-1} = \sqrt{1-\rho}\,\sigma_\theta \varepsilon_t \qquad (3.65)$$

式中，θ_t 为 t 时刻姿态角（俯仰角或偏航角）的扰动量；σ_θ 为姿态角的扰动标准差；ε_t 服从 $[-1,+1]$ 上均值为 0，标准差为 1 的正态分布。

飞行扰动可以看作白噪声序列 $\sqrt{1-\rho}\,\sigma_\theta \varepsilon_t$ 通过一个传递函数为 $H(z) = 1/(1-\rho z^{-1})$ 的单极点滤波器所产生的。

图 3.67 给出滤波器系数相对扰动周期的曲线。

扰动周期大于 2s 滤波器系数即超过 0.95，而后随着扰动周期的增大趋近于 1。可见扰动周期的变化对于长周期扰动模态影响不大。另外，滤波器系数趋近于 1 表明当前时刻扰动量很大程度上取决于前一时刻的扰动，扰动标准差作为信息所占的权重很小。这与小扰动假设是一致的。

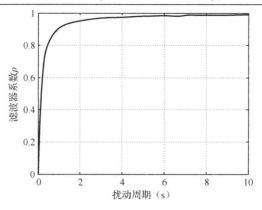

图 3.67　滤波器系数相对扰动周期的曲线

在对站俯冲基准运动上添加扰动。图 3.68 对比了扰动添加前后的飞行航路，取样间隔为 0.1s，俯仰扰动标准差为 0.5°，偏航扰动标准差为 1°，扰动周期为 4s。

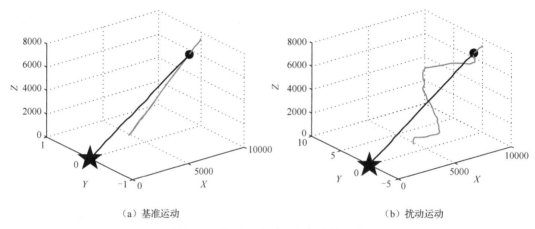

（a）基准运动　　　　　　　　　　　（b）扰动运动

图 3.68　扰动因素对飞行航路的影响

Y 轴坐标进行了放大，可见姿态扰动对飞行航路的影响十分有限。

图 3.69 对比了扰动添加前后对站俯冲的雷达视线姿态角。

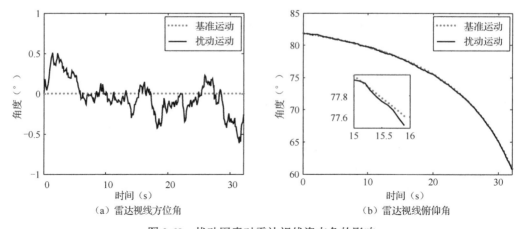

（a）雷达视线方位角　　　　　　　　　（b）雷达视线俯仰角

图 3.69　扰动因素对雷达视线姿态角的影响

以下讨论扰动偏离量的度量。动态 RCS 扰动偏离量的常用度量方法如下所述。

（1）基于绝对值差的度量

$$D = \sum_{i=1}^{N} |R(i) - S(i)| \tag{3.66}$$

式中，$R(i), S(i)$ 分别为扰动运动和基准运动的 RCS 序列，$1 \leqslant i \leqslant N$。

（2）由 2 范数诱导的度量

$$d = \|R - S\|_2 = \sqrt{\sum_{i=1}^{N} [R(i) - S(i)]^2} \tag{3.67}$$

上述两种方法运算效率高，但是局部差异将影响整个观测时间内的扰动偏离量。

（3）基于归一化互相关系数的度量

$$r = \frac{\sum_{i=1}^{N} [R(i) - \overline{R}] \times [S(i) - \overline{S}]}{\sqrt{\sum_{i=1}^{N} [R(i) - \overline{R}]^2 \times \sum_{i=1}^{N} [S(i) - \overline{S}]^2}} \tag{3.68}$$

式中，$\overline{R}, \overline{S}$ 分别为扰动运动和基准运动 RCS 的均值。r 越高表明扰动因素的影响越弱。

该方法对局部差异不敏感，能准确反映整个观测时间内的扰动偏离量。归一化的互相关系数为度量扰动偏离量提供了统一标准。尽管计算复杂度高于前两种方法，但在 RCS 序列样本数不大的情况下，不需要重点考虑运算效率问题。

b.　不同工作频率下，扰动对动态 RCS 的影响

情况 1：频率 430MHz；扰动周期 4s；俯仰、偏航扰动标准差分别为 0.5°，1°。

图 3.70 对比了基准运动与扰动运动（扰动情况 1）RCS。

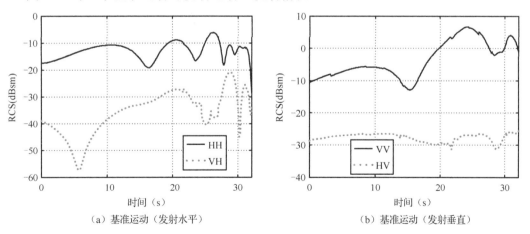

（a）基准运动（发射水平）　　　　（b）基准运动（发射垂直）

图 3.70　基准运动与扰动运动的 RCS 对比（扰动情况 1）

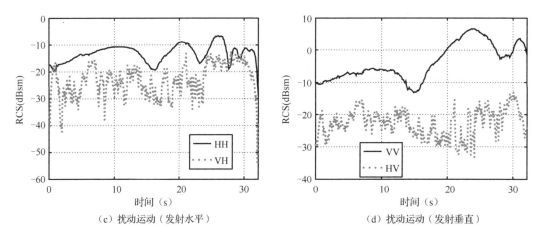

（c）扰动运动（发射水平） （d）扰动运动（发射垂直）

图 3.70　基准运动与扰动运动的 RCS 对比（扰动情况 1）（续）

表 3.14 列出了扰动情况 1 的 RCS 统计参数和序列相关度。

表 3.14　RCS 统计参数及序列相关度（扰动情况 1）（单位：dBsm）

运 动 状 态	极 化 方 式	极　差	对 数 均 值	标　准　差	序列相关度
基准	HH	22.50	−13.03	3.16	0.98
扰动	HH	22.51	−13.28	3.26	
基准	VV	19.52	−3.59	5.61	0.99
扰动	VV	19.77	−3.79	5.63	

情况 2：频率 1.3GHz；扰动周期 4s；俯仰、偏航扰动标准差分别为 0.5°，1°。

图 3.71 对比了基准运动与扰动运动（扰动情况 2）RCS。

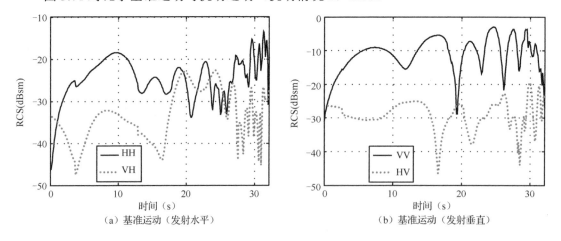

（a）基准运动（发射水平） （b）基准运动（发射垂直）

图 3.71　基准运动与扰动运动的 RCS 对比（扰动情况 2）

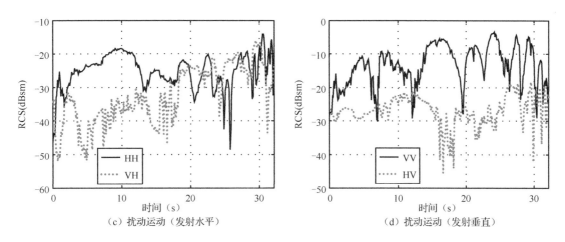

（c）扰动运动（发射水平）　　　　　　　　　（d）扰动运动（发射垂直）

图 3.71　基准运动与扰动运动的 RCS 对比（扰动情况 2）（续）

表 3.15 列出了扰动情况 2 的 RCS 统计参数和序列相关度。

表 3.15　RCS 统计参数及序列相关度（扰动情况 2）（单位：dBsm）

运动状态	极化方式	极　　差	对数均值	标准差	序列相关度
基准	HH	32.87	−24.74	5.13	0.82
扰动	HH	34.51	−25.34	5.37	
基准	VV	28.00	−11.37	5.41	0.75
扰动	VV	26.61	−13.48	6.03	

对比表 3.14 和表 3.15 结果可见，随着雷达工作频率的提高，扰动因素对动态 RCS 的影响程度增大。

c.　不同扰动标准差下，扰动对动态 RCS 的影响

情况 3：频率 430MHz；扰动周期 4s；俯仰、偏航扰动标准差分别为 1°，2°。

图 3.72 对比了基准运动与扰动运动（扰动情况 3）RCS。

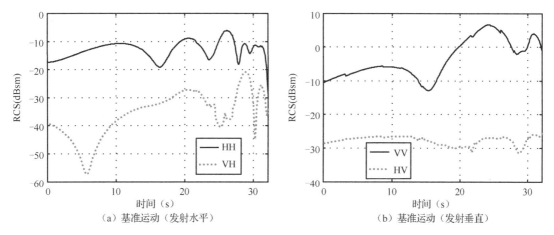

（a）基准运动（发射水平）　　　　　　　　　（b）基准运动（发射垂直）

图 3.72　基准运动与扰动运动的 RCS 对比（扰动情况 3）

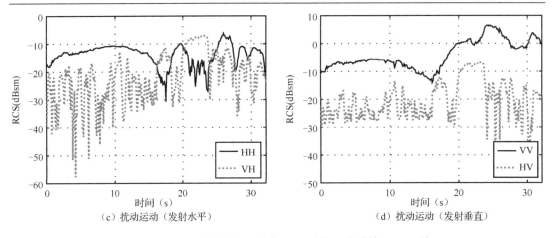

（c）扰动运动（发射水平）　　　　　　（d）扰动运动（发射垂直）

图 3.72　基准运动与扰动运动的 RCS 对比（扰动情况 3）（续）

表 3.16 列出了扰动情况 3 的 RCS 统计参数和序列相关度。

表 3.16　RCS 统计参数及序列相关度（扰动情况 3）（单位：dBsm）

运 动 状 态	极 化 方 式	极　　差	对 数 均 值	标　准　差	序 列 相 关 度
基准	HH	22.50	−13.03	3.16	0.65
扰动	HH	24.50	−14.01	3.91	
基准	VV	19.52	−3.59	5.61	0.98
扰动	VV	20.62	−4.09	5.15	

情况 4：频率 430MHz；扰动周期 4s；俯仰、偏航扰动标准差分别为 2°，4°。

图 3.73 对比了基准运动与扰动运动（扰动情况 4）RCS。

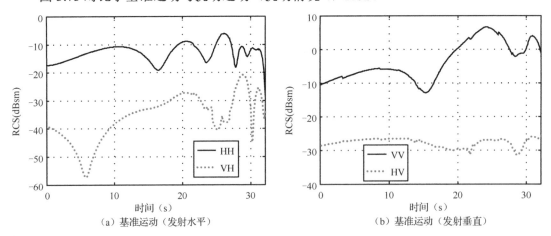

（a）基准运动（发射水平）　　　　　　（b）基准运动（发射垂直）

图 3.73　基准运动与扰动运动的 RCS 对比（扰动情况 4）

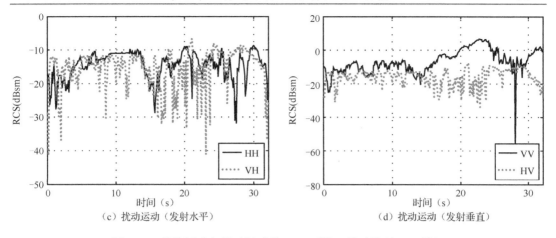

图 3.73　基准运动与扰动运动的 RCS 对比（扰动情况 4）（续）

表 3.17 列出了扰动情况 4 的 RCS 统计参数和序列相关度。

表 3.17　RCS 统计参数及序列相关度（扰动情况 4）（单位：dBsm）

运 动 状 态	极 化 方 式	极　　差	对 数 均 值	标　准　差	序列相关度
基准	HH	22.50	−13.03	3.16	0.43
扰动	HH	23.33	−14.68	4.22	
基准	VV	19.52	−3.59	5.61	0.69
扰动	VV	68.47	−6.90	7.17	

对比表 3.16 和表 3.17 可见，扰动标准差提高，扰动对动态 RCS 影响程度增大。

综合分析四种扰动情况可以得出如下结论：

（1）频率和扰动标准差的提高使扰动因素对动态 RCS 的影响程度增大。一般当扰动导致的几何位移大于波长时，扰动影响将显著提高。

（2）序列相关度可以准确反映飞行扰动对动态 RCS 的影响。序列相关度小于 0.5 可认为扰动运动的 RCS 序列与基准运动失去相关性，此时对应的几何位移恰好与波长相当。

（3）F-117A 在 UHF 波段，HH 极化对于扰动因素更为敏感；在 L 波段则有相反的结论。可见不同极化方式对同一飞行扰动的响应是不同的，具体结论需要针对具体目标进行研究。

（4）由于扰动因素普遍存在，从雷达视线方向看目标极少具有几何对称性，因此交叉极化分量普遍较大，部分时刻甚至高于主极化分量。因此对于实际工作的雷达，目标交叉极化分量具有提高检测性能的潜力。

3.5.2　空间目标分离

中段弹道目标会发生释放弹头、抛洒诱饵等多种形式的目标分离事件。在目标分离的前期，多目标之间距离较近，存在电磁耦合现象，诱发目标雷达散射截面积、极化等维度的电磁特征变化。准确地捕获这些变化就可以辅助雷达进行资源调度，提高预警雷达对弹道目标的跟踪和识别能力。对中段弹道目标分离方式的动态散射特性进行深入分析，在此基础上提出了可以判断目标分离事件发生的特征量，有效促进弹道目标行为辨识的发展。

弹道导弹作为一款"杀手锏"武器，具有飞行距离远、作用范围大、反拦截能力强等众多优点。面对弹道导弹的威胁，以美国为首的军事强国开始着力发展弹道导弹拦截系统。弹道导弹中段飞行距离最长，为了延长预警时间，提高拦截成功率，目前各国发展弹道导弹拦截技术的重点均放在中段。在中段飞行过程中，弹道导弹会经历整流罩分离、弹头与母舱分离，释放诱饵等事件。由于中段大气阻力可以忽略不计，弹头、母舱、诱饵、碎片等目标会形成一个"目标群"，给弹道目标的跟踪、识别和拦截带来极大的挑战。

当弹头、诱饵、母舱分别位于不同的距离单元，利用弹头的 RCS 序列、微动特性、高分辨率雷达图像、极化特性对目标进行分类识别的技术已经较为成熟。当多个目标位于同一个距离单元，在对目标进行识别之前多个目标的分离是至关重要的。目前，针对中段弹道群目标的目标分离、参数估计和识别已经展开了初步研究。针对中段群目标的分离，张群教授团队提出了在距离像序列构成的图像域上利用形态学滤波、骨骼提取和滑窗跟踪技术分别提取群目标微多普勒曲线的方法。刘宏伟教授团队将时频分布上微多普勒曲线看作运动航迹，并利用航迹追踪算法分离出了多分量的微多普勒曲线。冯存前教授团队研究了基于离散正弦调频变换、时频图像背景差分、正交匹配追踪算法、时频域联合滤波等多微动目标的时频曲线分离方法。涂世杰将独立成分分析与模糊支持向量机相结合，对群目标的雷达回波进行了分离并实现了真实弹头的有效识别。

上述研究均将群目标看作多个独立目标的组合，未考虑目标之间的电磁耦合现象。在实际场景中，如图 3.74 所示，在弹头与母舱的分离过程前期，两目标距离较近，构成紧邻结构，电磁耦合现象明显，不能简单看作两个独立目标的组合。如果将电磁耦合看作目标分离的"信标"，就可以及时集中雷达资源，检测、跟踪和识别由于分离过程产生的多个目标，筛选威胁系数较大的中段弹道目标，避免"跟丢"和"跟错"现象。因此，对于中段弹道目标分离过程动态散射特性的研究至关重要。本节针对窄带预警雷达探测背景下中段弹道目标三种分离方式的动态散射特性进行深入分析，总结出了一般规律，优选出 RCS 均值、极化比、特征角、对称角等可以判断目标分离事件发生的特征量，为以后针对中段弹道目标分离过程动态散射特性的研究奠定了基础。

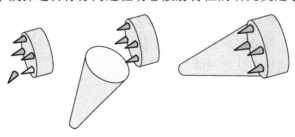

图 3.74　中段弹道目标动态分离过程示意图

1．中段弹道目标动态散射计算模型

如图 3.75 所示，这里选取的电磁计算模型为锥柱组合结构，锥体和柱体的高度分别为 0.5m 和 0.6m，底面半径为 0.15m，材料为金属。为了实现中段弹道目标分离过程的动态计算，控制柱体结构沿 z 轴的负方向移动。每移动一次，利用多层快速多极子（MLFMA）进行静态电磁计算。由于锥柱组合体为旋转对称目标，所以目标的散射响应与方位角无关，因此电磁计算的角度扫描设置为：方位角 $\varphi=0°$；俯仰角 $\theta=0°\sim30°$，角度步进 $\Delta\theta$ 为 0.2°。其中方位角定义为与 x 轴的夹角，俯仰角定义为与 z 轴的夹角。电磁计算的频率设置为 3GHz。电磁波入射方向的极化基（H'，V'）定义为式（3.69）。

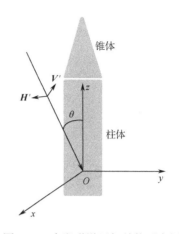

图 3.75　中段弹道目标结构示意图

$$\begin{cases} H'=\dfrac{z\times k_i}{\|z\times k_i\|_2} \\ V'=\dfrac{k_i\times H'}{\|k_i\times H'\|_2} \end{cases} \tag{3.69}$$

其中 '×' 代表向量的叉乘运算；k_i 为电磁波入射方向的单位向量；$\|\cdot\|_2$ 为向量的模。

如图 3.76 所示，为了模拟中段弹道目标实际的分离过程，分别采用三种方式控制柱体向后移动。分离方式 A：锥体与柱体分离，柱体单纯往下平移；分离方式 B：锥体与柱体分离，在柱体往下平移过程中，以 y 轴为旋转轴匀速旋转，在该分离过程中，xoz 平面一直为锥体和柱体的对称平面；分离方式 C：锥体与柱体分离，在柱体往下平移过程中，以 x 轴为旋转轴匀速旋转，在该分离过程中，xoz 平面仅在特殊时刻同时是锥体和柱体的对称平面。三种分离方式柱体向下移动的距离单位均为 0.05m，分离方式 B 和分离方式 C 中柱体每次旋转的角度单位均为 9°，旋转中心为柱体轴线的中点。三种分离方式共执行移动 201 次，对应的距离变化范围为 0～10m，柱体共旋转 5 圈。

2．中段弹道目标分离过程动态散射特性分析

本节首先分析了中段弹道目标分离过程动态 RCS 分布的形态以及直观的规律，然后从 RCS 均值、极化比、特征角、对称角几个参数的角度分析了其在分离过程中的变化规律，为以后的分离过程提供判别的量化指标。

在图 3.76 中三种分离方式下，锥柱组合体的动态 RCS 分别如图 3.77，图 3.78 和图 3.79 所示。图中三维的坐标分别是电磁波入射角度，锥柱组合体分离距离和 RCS 的对数值。

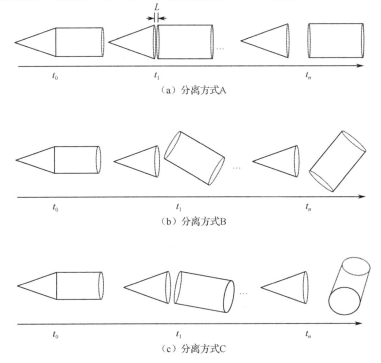

（a）分离方式A

（b）分离方式B

（c）分离方式C

图 3.76　锥柱组合体目标三种分离方式示意图（纸面代表图 3.75 中的 *xoz* 平面）

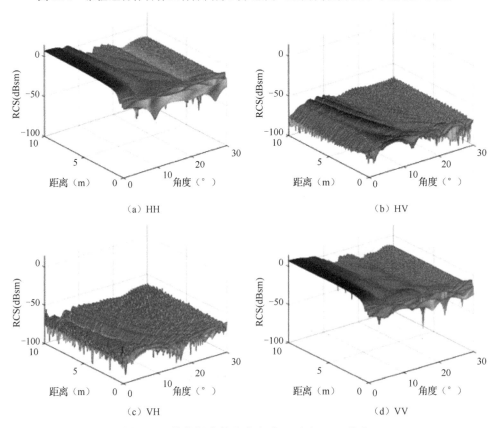

（a）HH

（b）HV

（c）VH

（d）VV

图 3.77　锥柱组合体分离方式 A 动态 RCS 分布

从图 3.77 可以看出，在分离方式 A 条件下，锥柱组合体动态 RCS 的变化在电磁波方向维度波动较大，而随着目标的分离，RCS 的起伏较小。此时，锥柱组合体的 RCS 改变主要取决于中段弹道目标的运动引起相对雷达的姿态角变化。根据雷达极化学可知，由于随着目标的分离，极化参考平面 xoz 同时是锥体和柱体的对称平面，因此交叉极化一直很弱，理论值为 0。

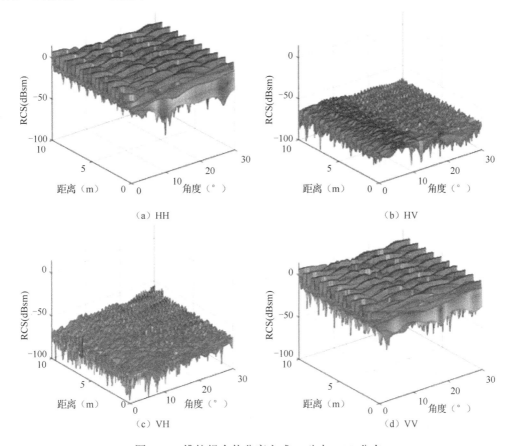

图 3.78　锥柱组合体分离方式 B 动态 RCS 分布

从图 3.78 可以看出，在分离方式 B 条件下，由于柱体在向后的运动过程中还存在翻滚运动，锥柱组合体 RCS 随着目标分离起伏剧烈，而此时目标相对于雷达姿态改变引起的 RCS 改变则相对显得平缓。虽然柱体在向后的分离过程中引入了翻滚运动，但是与分离方式 A 相同，极化参考平面 xoz 同时是锥体和柱体的对称平面，因此交叉极化响应仍很弱，理论值为 0。

从图 3.79 可以看出，分离方式 C 最明显的特征是交叉极化响应增强。锥柱组合体的交叉极化和主极化响应的强度均随着锥体和柱体的分离起伏剧烈，且交叉极化响应的峰值与主极化响应的峰值交错分布。

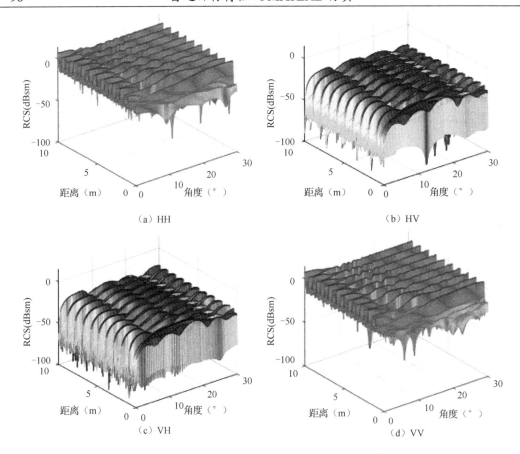

图 3.79　锥柱组合体分离方式 C 动态 RCS 分布

a. RCS 均值

为了衡量中段弹道目标 RCS 在分离过程中的动态变化，对每次分离状态下俯仰角 $\theta=0°\sim30°$ 范围内的 RCS 进行数学平均，RCS 均值的定义为：

$$\bar{\sigma}=\frac{1}{N}\sum_{n=1}^{N}\sigma_n \tag{3.70}$$

其中，N 为总的角度点数。

三种分离方式的 RCS 均值在中段弹道目标分离过程中的动态变化如图 3.80 所示。图 3.80（a）中分离方式 A 的 RCS 均值变化较为缓和，从目标分离开始到锥体与柱体相距 20λ，主极化 RCS 均值整体趋势是变大，增幅约 20dB；锥体与柱体相距 20λ～100λ 以后，两个目标之间的电磁耦合效应可以忽略不计，因此总的 RCS 趋于稳定。符合随着目标结构变复杂 RCS 增大的认知。

引入柱体的翻滚运动后，分离方式 B 主极化 RCS 均呈现较大的起伏。分离方式 B 中存在两种"特殊"目标状态：状态一是当柱体旋转到母线与电磁波方向垂直，柱体的侧面发生镜面反射，RCS 很大；状态二是当柱体的轴线和锥体的轴线共线时，此时的状态相当于分离方式 A，由于锥体和柱体的边缘绕射，RCS 较大。柱体旋转 1 圈，会存在 2 次状态一和 2 次状态二。在本节的中段弹道目标动态散射计算模型中，柱体共旋转了 5 圈。因此，图 3.80（b）中出现了 20 个 RCS 峰值，其中高的峰值对应状态一，矮的峰值对应状态二。

分离方式 C 的 RCS 变化规律与分离方式 B 类似，也存在同样的两种"特殊"目标状态。不同的是分离方式 C 中极化参考平面 xoz 仅在特殊时刻才同时是锥体和柱体的对称平面，因此分离方式 C 的交叉极化响应不再是 0。两种特殊的状态对应共极化 RCS 的峰值，交叉极化的零点。

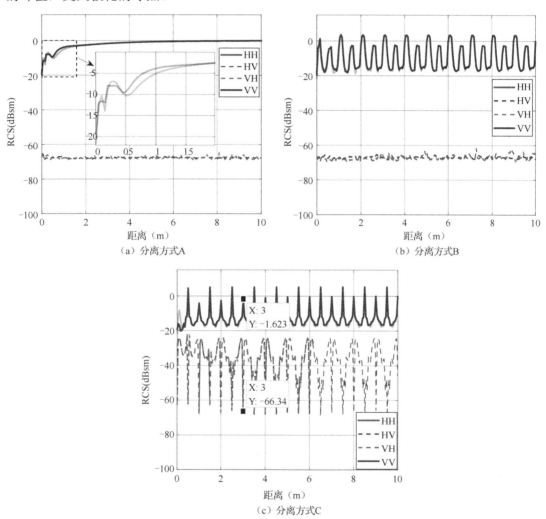

图 3.80　三种分离方式的 RCS 均值在中段弹道目标分离过程中的动态变化

b. 极化比

从 RCS 均值的分析中可以看出，极化信息可以反映目标分离的丰富信息。其中共极化与交叉极化响应的幅度之比是目标的一个重要极化特征。本小节主要分析了极化比随目标分离的变化过程。如图 3.80 所示，后向散射满足互易性，即 $S_{VH} \approx S_{HV}$；中段弹道目标表面光滑不存在类似偶极子这种具有极化取向的结构，主极化通道近似相等，即

$S_{HH} \approx S_{VV}$。所以，极化比由 S_{HH}/S_{VH} 计算得到。

$$P_r = \frac{1}{N} \sum_{n=1}^{N} \frac{S_{HH}^n}{S_{VH}^n} \tag{3.71}$$

图 3.81 给出了锥柱组合体中段弹道目标三种分离方式下极化比的统计结果。从图 3.81（a）可以看出分离方式 A 的极化比随着目标的分离呈递增趋势，与图 3.80（a）中 RCS 的均值变化规律相吻合，极化比的增大主要得益于主极化 RCS 的增大，而交叉极化随着目标的分离近似不变；同样的道理，图 3.81（b）的极化比变化规律也是与图 3.80（b）相对应的。由于分离方式 C 中交叉极化响应不再是 0，所以极化比的下限小于前两种分离方式 20dB。在特殊状态下，共极化的峰值对应于交叉极化响应的零点，所以极化比形成尖峰，使得极化比的变化规律呈现独特的梳子型。可以利用极化比的这种变化规律判断中段弹道目标分离事件是否发生。

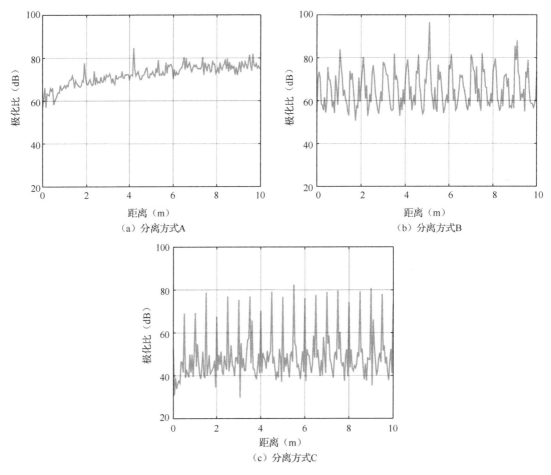

（a）分离方式A   （b）分离方式B

（c）分离方式C

图 3.81　锥柱组合体极化比随着目标分离的变化

c. 对称角和特征角

根据 Huynen 经典的雷达极化学理论，散射矩阵 $\boldsymbol{S}$ 可以对角化为

$$S=\mu e^{jk} M_3(\theta)M_2(-\tau)M_1(v)\begin{bmatrix} 1 & 0 \\ 0 & \tan^2\gamma \end{bmatrix}M_1(v)M_2(-\tau)M_3(-\theta) \quad (3.72)$$

$$\begin{cases} M_1(v)=\begin{bmatrix} e^{+jv} & 0 \\ 0 & e^{-jv} \end{bmatrix} \\ M_2(\tau)=\begin{bmatrix} \cos\tau & j\sin\tau \\ j\sin\tau & \cos\tau \end{bmatrix} \\ M_3(\theta)=\begin{bmatrix} \cos\theta & -\sin\theta \\ \sin\theta & \cos\theta \end{bmatrix} \end{cases} \quad (3.73)$$

θ 取向角、τ 对称角、v 跳跃角和 γ 特征角是 Huynen 目标参数集，j 为虚数单位。μ 和 k 分别代表幅度和绝对相位，与目标的极化散射特性无关。τ 对称角，v 跳跃角和 γ 特征角是与目标绕雷达视线旋转无关的物理量。τ 反映了目标的对称性，当 $\tau=0$ 时，目标关于某个平面是对称的；v 反映了目标的奇偶次散射情况，$v=0$ 对应奇次散射机理，$v=\pi/4$ 对应偶次散射机理；γ 衡量了目标的"变极化"能力，$\gamma=0$ 时，目标的散射波极化与入射波极化无关（例如偶极子结构）；$\gamma=\pi/4$ 时，目标的散射波极化与入射波极化相同。Huynen 目标参数集取值范围为：

$$\begin{cases} -\dfrac{\pi}{2} \leqslant \theta \leqslant \dfrac{\pi}{2} \\ -\dfrac{\pi}{4} \leqslant \tau \leqslant \dfrac{\pi}{4} \\ -\dfrac{\pi}{4} \leqslant v \leqslant \dfrac{\pi}{4} \\ 0 \leqslant \gamma \leqslant \dfrac{\pi}{4} \end{cases} \quad (3.74)$$

经过筛选，对称角和特征角两个极化特征随目标分离会出现有规律的变化，将每个分离时刻所有视线的对称角和特征角进行平均，得到图 3.82 和图 3.83。如图 3.82 所示，在三种分离方式下，特征角均接近 $\pi/4$，反映了中段弹道目标结构简单、表面光滑，不存在类似偶极子结构等类型的部件。分离方式 B 和分离方式 C 中当电磁波视线与柱体母线垂直时会发生镜面反射，对于镜面散射机理，特征角会接近 $\pi/4$，因此在图 3.82（b）和图 3.82（c）中特征角随目标分离均出现离散的峰值。分离方式 A 仅作为理论对比分析，实际场景中不会存在分离方式 A 的情况，更多是分离方式 B 和分离方式 C 的组合，因此利用特征角的这种梳子型变化规律可以判断分离事件是否发生。

对称角反映了目标的对称性，对称目标对应 $\tau=0$。锥柱组合体目标是旋转对称的，因此，对称角的理论值应为 0。分离过程中，分离方式 A 和分离方式 B 中雷达视线一直位于锥体和柱体的共同对称平面内，因此提取的对称角 $\tau=0$，如图 3.83（a）和图 3.83（b）所示。分离方式 C 中雷达视线仅在特殊时刻会同时位于锥体和柱体的对称平面内，提取的对称角 τ 开始偏离 0。由于考虑空气动力学等因素，中段弹道目标通常会设计成近似旋转对称结构，因此分离前对称角通常会接近 0；当分离事件发生后，母舱、诱饵等目标缺乏姿态控制结构，分离产生的多目标结构很难满足 $\tau=0$ 的条件，开始在 0 附近振荡，可以当作判断分离事件发生的特征。

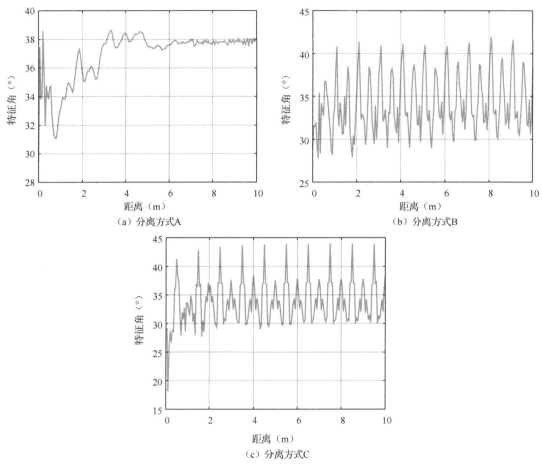

图 3.82　锥柱组合体特征角随着目标分离的变化

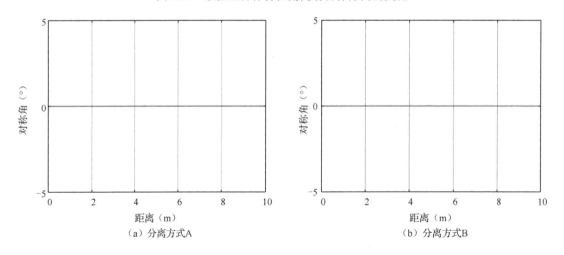

图 3.83　锥柱组合体对称角随着目标分离的变化

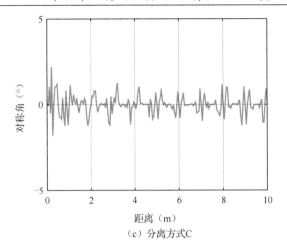

（c）分离方式C

图 3.83　锥柱组合体对称角随着目标分离的变化（续）

　　本节重点关注了中段弹道目标分离阶段前期，多个目标之间在分离过程中的电磁耦合散射特性分析。在此基础上，分析了优选的 RCS 均值、极化比、特征角和对称角 4 个特征量在目标分离过程中的动态变化，为判断中段弹道目标分离事件是否发生提供依据。目前，该研究仅关注的是早期预警雷达对中段弹道目标进行预警探测时的窄带场景，后续研究会进一步讨论宽带情况下中段弹道目标分离过程的动态散射特性，并进一步丰富与分离事件关系紧密的特征量。

第4章 雷达目标微动特性电磁仿真

4.1 时频分析方法

傅里叶变换建立了信号从时域变换到频域的桥梁。经过一个世纪发展，它已成为信号处理领域最强有力的分析方法和工具。在实际应用中有许多非平稳信号，其频谱随时间变化。但由于傅里叶变换是对时间积分，忽略了信号频率的局部时间特性，因此难以刻画非平稳信号频率随时间的变化。与傅里叶变换相比，时频分析方法同时兼顾了信号在时域和频域的全貌，所以它更适合分析非平稳信号。

根据是否需要知道信号模型的先验信息，将时频分析方法划分为非参数化时频分析方法和参数化时频分析方法两大类。

4.1.1 非参数化时频分析方法

非参数化时频分析方法主要包括短时间傅里叶变换（STFT），小波变换（WT）和Wigner-Ville 分布（WVD）。具体来说，STFT 将非平稳信号通过时域加窗技术分成短时间内近似平稳的信号片段。从近似角度来看，STFT 是分段的信号在时频平面上的零阶拟合。

信号 $s(t)$ 的傅里叶变换为

$$\hat{s}(f) = F[s(t)] = \int_{-\infty}^{+\infty} s(t) \exp(j2\pi ft) dt \tag{4.1}$$

从式（4.1）中可看出，傅里叶变换是对信号整体的时间积分，缺乏局部分析性能，故它不能反映频谱的时变特性，只适合分析平稳信号。

单纯的时域和频域分析不能同时兼顾信号在时域和频域的全貌，而短时傅里叶变换是在傅里叶变换基础上对信号进行加窗操作，它可同时在时域和频域刻画信号，从而反映了信号频谱随时间的变化特性，其定义如下：

$$\text{STFT}_s(t,f) = \int_{-\infty}^{\infty} s(\tau)h(\tau-t) \exp(j2\pi f\tau) d\tau \tag{4.2}$$

其中 $h(t)$ 为窗函数。

由式（4.2）可见，它的"短时性"是通过在时域加窗实现的，并通过平移窗函数覆盖整个时域。其基本思想为：在傅里叶变换基础上，将非平稳信号看成一系列短时平稳信号的叠加。从定义式（4.2）还可看出，短时傅里叶变换的时频分辨率与信号时频特征无关。与傅里叶变换相比，短时傅里叶变换可反映信号频谱的局部时间特性。

图 4.1 为仿真的三个点目标的线性调频信号回波（LFM），（a）为 LFM 回波的时域

波形，（b）为通过 STFT 得到的时频图。从两幅图的对比可以看出，时频图较时域波形可以清晰地看出三个点目标的分布，体现了时频联合分布的信息维度优势。

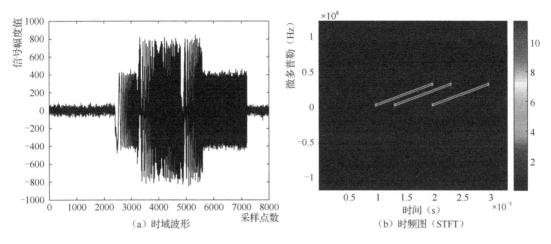

（a）时域波形　　　　　　　　　　（b）时频图（STFT）

图 4.1 LFM 目标回波

Wigner-Ville 分布（WVD）是典型的二次型时频方法，与傅里叶变换一样，它也是对信号的一种全局变换。信号 $s(t)$ 的 WVD 定义为对瞬时自相关函数 $r_s(t, \tau) = s\left(t + \dfrac{\tau}{2}\right)s^*\left(t - \dfrac{\tau}{2}\right)$ 的傅里叶变换，即

$$\mathrm{WVD}_s(t, f) = \int_{-\infty}^{+\infty} s\left(t + \frac{\tau}{2}\right)s^*\left(t - \frac{\tau}{2}\right)\exp(-\mathrm{j}2\pi f\tau)\mathrm{d}\tau \tag{4.3}$$

WVD 定义式没有加窗操作，避免了时域分辨率和频域分辨率之间的相互牵制。对于单分量信号，WVD 可以达到非常好的能量集中性能。

4.1.2 参数化时频分析方法

STFT 和 WVD 均属于非参数化时频分析方法，因为这些方法不依赖于待分析信号的先验信息。GPTF（General Parametrized Time-Frequency Transform）方法利用对信号的先验信息，可以很大程度上提高能量集中程度，其可以表述为

$$\mathrm{GPTF}(t_0, w; P) = \int_{-\infty}^{+\infty} \overline{s}(\tau)\omega_\sigma^*(\tau - t_0)\mathrm{e}^{-\mathrm{j}w\tau}\mathrm{d}\tau \tag{4.4}$$

$$\begin{cases} \overline{s}(\tau) = s(\tau)\Phi_P^{\mathrm{R}}(\tau)\Phi_{t_0, P}^{\mathrm{T}}(\tau) \\ \Phi_P^{\mathrm{R}}(\tau) = \mathrm{e}^{-\mathrm{j}\int k_P(\tau)\mathrm{d}\tau} \\ \Phi_{t_0, P}^{\mathrm{T}}(\tau) = \mathrm{e}^{\mathrm{j}k_P(t_0)\tau} \end{cases} \tag{4.5}$$

其中，$k_P(t)$ 是参数集为 P 的 GPTF 核函数。旋转算子 $\Phi_P^{\mathrm{R}}(\tau)$ 将非平稳信号转化为平稳信号，再利用平移算子 $\Phi_{t_0, P}^{\mathrm{T}}(\tau)$ 将信号的能量搬移到信号的时频曲线上去。因此 GPTF 可以通过增大窗长获得高的频率分辨率，打破非参数化时频分析方法频率分辨和时间分

辨相互制约的关系。

如果已知散射中心的微多普勒参数化模型（micro-Doppler Parametric Model，mDPM），可以将 mDPM 作为 GPTF 的核函数对散射中心的微多普勒进行分析，与传统的 STFT、WVD 时频分析方法相比将很大程度上提高能量集中程度，从而提高微多普勒曲线提取和参数估计的精度。

首先对雷达慢时间域采样数据进行 STFT 变换，在此基础上利用遗传算法（GA）对 GPTF 核函数的参数进行预估。GA 在核函数的预估和更新上具有两方面的优势：一方面可以克服遮挡和 RCS 起伏带来的微多普勒曲线间断问题，另一方面由于 mDPM 的参数维度不高，GA 可以很快地收敛到目标参数附近，实时性能好。基于遗传算法的核函数参数更新流程图如图 4.2 所示。

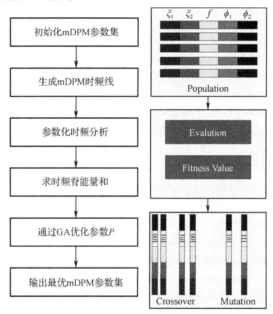

图 4.2　基于遗传算法的核函数参数更新流程图

当核函数与散射中心实际的微多普勒曲线一致时，GPTF 变换得到的时频图能量将会集中到微多普勒曲线上。因此时频图的“脊”将会与 mDPM 生成的曲线一致，即式（4.6）表示的偏差将会非常小。相反，如果核函数与散射中心实际的微多普勒曲线不一致时，时频图上的能量将会发散，式（4.6）表示的偏差将会很大。所以用式（4.6）作为 GA-GPTF 迭代判断的终止条件，当偏差小于预先设计好的阈值 T 或迭代次数大于设置的最大迭代次数 N 时，终止迭代。

$$\Lambda=\mathrm{mean}[\mathrm{abs}(\mathrm{IF}_{\mathrm{mDPM}}-\mathrm{IF}_{\mathrm{ridge}})] \tag{4.6}$$

其中 $\mathrm{IF}_{\mathrm{mDPM}}$ 为 mDPM 模型表征的时频曲线，$\mathrm{IF}_{\mathrm{ridge}}$ 是以能量大为准则寻迹的时频曲线，Λ 为两者的偏差，遗传算法的优化目标就是使 Λ 尽可能小。

当一个距离单元内有多个散射中心时，微多普勒将呈现多分量形式。GA-GPTF 处理流程图如图 4.3 所示。

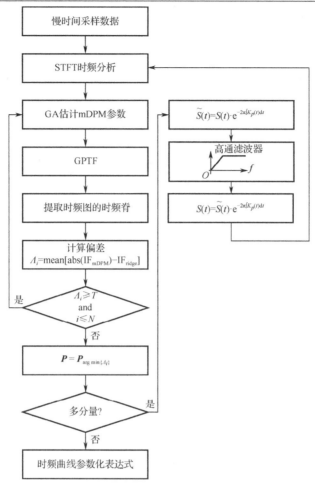

图 4.3　GA-GPTF 处理流程图

图 4.4 是 GA-GPTF 多分量提取历程图。

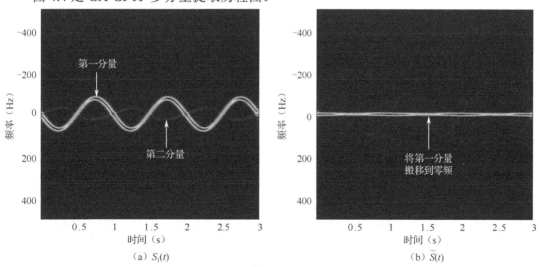

(a) $S_1(t)$　　　　　　　　　　　(b) $\tilde{S}(t)$

图 4.4　GA-GPTF 多分量提取历程图

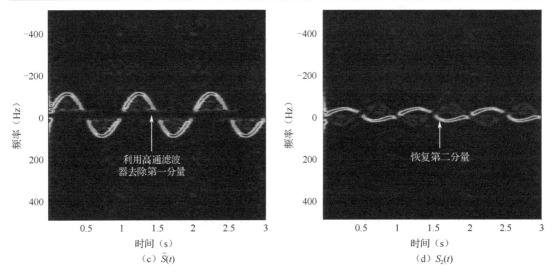

图 4.4　GA-GPTF 多分量提取历程图（续）

4.2　雷达目标微动特征

2006 年美国海军研究实验室 V. C. Chen 首次提出微多普勒的概念。相对于目标质心，目标的部分或全部散射中心有时会处于周期性的运动状态，其散射电场的幅度和相位也将伴随散射中心的运动而周期性变化，产生微多普勒现象。散射中心的微多普勒测量不受雷达信号带宽的限制，即使窄带条件下，不同散射中心的微多普勒分量也是可分辨的。

V. C. Chen 指出目标双基地微多普勒值往往小于角平分线处单基地雷达的微多普勒值，是其 $\cos(\beta/2)$ 倍，β 为双基地角。国防科大邹小海基于对锥体目标双基地散射中心位置分布的认识，建立了锥体目标双基地微动模型，并提出了相应的微多普勒曲线检测和特征提取方法。Hugh Griffiths 教授团队在人体、风力发电机、无人机等目标的双基地微多普勒测量方面取得了不少的研究成果，证明了双/多基地雷达观测获得的回波数据中包含的微多普勒信息比单基地雷达更加丰富。武汉大学电子信息学院万显荣教授团队搭建了比较成熟的 HF、UHF 频段的外辐射源雷达系统，开展了多旋翼无人机和直升机的微多普勒效应试验研究，为基于外辐射源雷达系统的目标分类和识别奠定了基础。

从图 4.5 可以看出，无人机、人体和风车的双基地微多普勒具有很明显的分布特征，即不同时刻微多普勒在频率轴上展宽形成条带竖线。上述条带竖线即对应于分布型散射中心的微多普勒。当电磁波矢量在多边形平板内的投影与任意一条边垂直时，散射幅度达到峰值，同时与电磁波方向垂直的边对应于分布型散射中心。分布型散射中心方位向上"延展"，连续占据多个分辨单元。根据距离多普勒成像原理可知，分布型散射中心方位向上的延展必然对应一段连续分布的多普勒，且该多普勒的频率范围与分布型散射中心的方位向长度是对应的。类比以上分析，随着人体胳膊的摆动、风力发电机和无人机叶片的旋转，在特殊姿态角下，电磁波方向与胳膊、风力发电机和无人机叶片会形成垂直或近似垂直的几何关系，散射幅度达到峰值，分布型散射中心成为主要的散射中心，时频域上即对应于明亮的条带竖线，并且时频域内条带竖线的长度与胳膊、风力发电机和无人机叶片的长度是一一对应的，因此可以利用时频域内条带竖线的长度反演胳膊、风力发电机叶片等目标的长度，实现目标分类和识别的目的。

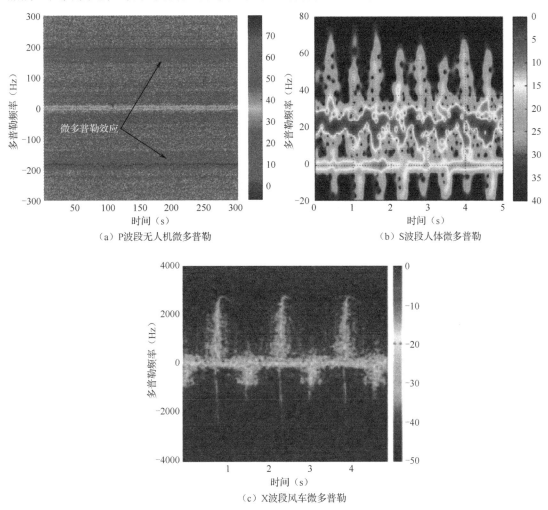

（a）P波段无人机微多普勒　　　　　　　　　（b）S波段人体微多普勒

（c）X波段风车微多普勒

图 4.5　目标双基地微多普勒时频图

4.3　雷达目标微动特性仿真算例

本节结合作者的工程经历，针对导弹防御场景中的空间目标微动和低小慢目标的旋翼无人机微动两个案例进行宽带、窄带电磁仿真分析。

4.3.1　空间目标

由于受到空气阻力及释放诱饵等因素的影响，弹道目标在飞行中段和再入段除了自旋还会伴有进动、章动、摆动等形式的微运动。微运动同时也对电磁波进行额外的调制，产生独特的微动特征。由于弹道目标的微动特征能充分反映结构的内在属性以及微动特征的测量不受雷达信号带宽的限制，因此利用微动特征对弹道目标进行识别已经被越来越多的学者关注。

1. 空间目标微动建模

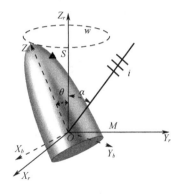

图 4.6　微动模型

图 4.6 是微动模型。

该模型基于两个不失一般性的假设：

（1）假设流线型弹道目标平动被补偿，只考虑微动带来的多普勒调制；

（2）弹道目标的中心位于底面圆的中心。其中 $O\text{-}X_rY_rZ_r$ 为参考坐标系；$O\text{-}X_bY_bZ_b$ 为物体坐标系；LOS 定义在 Z_rOY_r 平面内，入射波方向单位矢量 $i=[0,-\sin\alpha,-\cos\alpha]$。流线型弹头以进动角为 θ，进动角频率为 w 绕 Z_r 轴进行进动，根据右手法则确定 w 的正负。图中 S 为空间目标侧面滑动散射中心，M 为底面边缘滑动散射中心。

随着空间目标的微动，空间目标物体坐标系中散射中心 r_{Li} 在参考坐标系的位置为：

$$r_{Ri}=T_mR_{t0}r_{Li} \tag{4.7}$$

其中 R_{t0} 为初始欧拉变换矩阵；T_m 为微动变换矩阵，取决于目标的微动形式：自旋、进动、章动，可以表示为三个矩阵乘积的形式：

$$T_m=R_NR_CR_S \tag{4.8}$$

其中，R_S 为自旋变换矩阵，R_C 为锥旋变换矩阵，R_N 为摆动变换矩阵。

描述初始时刻 t_0 目标姿态用三个欧拉角 θ、φ 和 γ 表示，则目标的初始欧拉变换矩阵为：

$$R_{t0}=\begin{bmatrix} \cos\gamma & \sin\gamma & 0 \\ -\sin\gamma & \cos\gamma & 0 \\ 0 & 0 & 1 \end{bmatrix}\begin{bmatrix} \cos\varphi & 0 & -\sin\varphi \\ 0 & 1 & 0 \\ \sin\varphi & 0 & \cos\varphi \end{bmatrix}\begin{bmatrix} 1 & 0 & 0 \\ 0 & \cos\theta & \sin\theta \\ 0 & -\sin\theta & \cos\theta \end{bmatrix} \tag{4.9}$$

微动变换矩阵的具体数学形式推导如下：

根据罗德里格斯公式，向量围绕某一旋转轴旋转任意角度 wt 的旋转变换矩阵为：

$$R=I+E\sin(wt)+E^2[1-\cos(wt)] \tag{4.10}$$

$$E=\begin{bmatrix} 0 & -e_z & e_y \\ e_z & 0 & -e_x \\ -e_y & e_x & 0 \end{bmatrix} \tag{4.11}$$

其中 I 为单位矩阵；$[e_x, e_y, e_z]$ 为给定旋转轴的单位向量。

对于目标自旋，式（4.10）和式（4.11）中的旋转轴为目标的中心轴，在参考坐标系中，自旋轴为：

$$\begin{bmatrix} e_x \\ e_y \\ e_z \end{bmatrix} = R_{t0} \begin{bmatrix} 0 \\ 0 \\ 1 \end{bmatrix} \tag{4.12}$$

结合式（4.10）、式（4.11）和式（4.12），可以得到目标的自旋变换矩阵 $R_S(w_s)$，w_s 为目标的自旋频率。

同理，设空间目标的进动轴指向为 $[\cos\alpha\cos\beta, \sin\alpha\cos\beta, \sin\beta]^T$，结合式（4.10）、式（4.11）可以得到目标的锥旋变换矩阵 $R_C(w_c)$，w_c 为目标的锥旋频率。

为了计算摆动变换矩阵 R_N，引入一个新的坐标系 (x_n, y_n, z_n)。x_n 与目标的进动轴重合，z_n 垂直于进动轴摆动的平面，y_n 由 x_n 和 z_n 根据右手法则确定。

参考坐标系 (X_r, Y_r, Z_r) 到 (x_n, y_n, z_n) 的变换为：

$$(x_n, y_n, z_n) = (X_r, Y_r, Z_r) A_n \tag{4.13}$$

由于参考坐标系 (X_r, Y_r, Z_r) 为标准正交坐标系，即 $[X_r, Y_r, Z_r]$ 为单位矩阵，所以变换矩阵 A_n 即

$$A_n = [x_n, y_n, z_n] \tag{4.14}$$

所以参考坐标系中散射中心的位置向量转化到 (x_n, y_n, z_n) 坐标系为：

$$r_{ni} = A_n^{-1} r_{ri} \tag{4.15}$$

假设空间目标的摆动满足"正弦型"规律，即摆动角 β 满足：

$$\beta(t) = \beta_A \sin(w_n t) \tag{4.16}$$

目标的摆动可以看作是向量绕 z_n 轴的旋转过程，欧拉旋转矩阵为：

$$B_n = \begin{bmatrix} \cos\beta & -\sin\beta & 0 \\ \sin\beta & \cos\beta & 0 \\ 0 & 0 & 1 \end{bmatrix} \tag{4.17}$$

最后将旋转后的向量再变换到参考坐标系为：

$$r_{ri}^* = A_n B_n A_n^{-1} r_{ri} \tag{4.18}$$

经过以上推导，得到摆动旋转矩阵为 $R_N = A_n B_n A_n^{-1}$。

综上，通过设置空间目标的初始姿态、进动轴指向，角频率 $[w_s, w_c, w_n]$ 就可以得到表 4.1 中的多种微动类型。

上述坐标变换过程，已经包装成 MATLAB 函数，详见附件代码。

表 4.1　空间目标微动类型

微 动 类 型	自　　旋	锥　　旋	摆　　动	角频率参数
自旋	√			$w_c=0$；$w_n=0$
摆动			√	$w_s=0$；$w_c=0$

微 动 类 型	自　旋	锥　旋	摆　动	角频率参数
进动	√	√		$w_n=0$
章动	√	√	√	

2. 空间目标散射中心的位置分布及类型

常见的空间目标类型如图 4.7 所示。由于空间目标要考虑飞行动力学因素，因此目标表面往往较为光滑，空间目标的电磁散射特性可以由几个散射中心来表征：由于空间目标顶部绕射形成的局部型散射中心 LSC，LSC 在很大的观测范围内都会存在。由于位置固定，随着目标的微动，LSC 会形成理想的"正弦型"微多普勒曲线；在空间目标结构的连接处以及底面边缘，存在由于边缘绕射形成的散射中心 SSCE，SSCE 会随着电磁波方向的改变在边缘上滑动，因此微多普勒会呈现典型的"滑动特征"；如果空间目标的侧面为单曲面，当电磁波方向垂直空间目标的侧面时，会形成镜面型散射中心 DSCS，根据"散射中心类型与模型"一节可知，DSCS 属于分布型散射中心，微多普勒只在特殊时刻观测到，且会占据一定带宽的多普勒范围，微多普勒带宽与目标的尺寸有关；如果空间目标的侧面为双曲面，则在很大观测范围内，空间目标侧面总会存在某点满足 $r_{LOS} \times n_{sscs} = 0$，其中 r_{LOS} 为电磁波的方向矢量，n_{sscs} 为空间目标侧面的法向向量。该位置会形成双曲面镜面型散射中心 SSCS，SSCS 随着空间目标的微动会在空间目标的侧面上滑动。

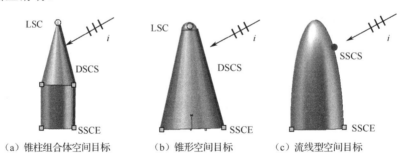

（a）锥柱组合体空间目标　　（b）锥形空间目标　　（c）流线型空间目标

图 4.7　常见的空间目标类型

其中，LSC 为尖顶绕射散射中心；DSCS 为单曲面镜面散射中心；SSCS 为双曲面镜面散射中心，SSCE 为边缘散射中心。

a. 锥顶 LSC 理论微多普勒

顶部局部型散射中心是由弹道目标的尖顶绕射所形成的散射中心，它们的位置不随电磁波方向的改变而改变，且在很大的角度范围内都能被观察到。由式（4.19）可知，局部型散射中心的微多普勒公式为正弦形式，即满足 $f_{Di} = a\sin(wt + \varphi_0)$ 的参数化形式。

$$f_{Di} = \frac{2}{\lambda}\frac{d(r_{Los} \cdot r_i)}{dt} = \frac{2}{\lambda}\frac{d\rho_i}{dt} = \frac{-2}{\lambda}\frac{d\xi}{dt}\|r_i\|_2 \sin\xi \tag{4.19}$$

式中，λ 为电磁波的波长，r_{Los} 为 LOS 的单位矢量，r_i 为散射中心的位置矢量，ρ_i 为散射中心在 LOS 上的斜距，ξ 为 r_{Los} 和 r_i 之间的夹角。

b. 锥底边缘 SSCE 理论微多普勒

空间目标 SSCE 的微多普勒解析表达式为：

$$f_{\mathrm{DM}}(t) = \frac{-2wr_0}{\lambda}\sin\alpha\sin\theta\cos(wt+\varphi_0)\frac{F(t)}{\sqrt{(1-F(t))(1+F(t))}} \tag{4.20}$$

式中，$F(t) = \sin\theta\sin\alpha\sin(wt+\varphi_0) + \cos\theta\cos\alpha$，$r_0$ 为弹道目标的底面半径，φ_0 为 f_{DM} 的初始相位。

$$\varphi_{\mathrm{DM}}(t) = \int_0^t f_{\mathrm{DM}}(\tau)\mathrm{d}\tau = \frac{2r_0}{\lambda}\sqrt{1-F^2(t)} \tag{4.21}$$

将 $F(t)$ 代入式（4.21）得：

$$\begin{aligned}
\varphi_{\mathrm{DM}}(t) &= \frac{2r_0}{\lambda}\sqrt{1-\cos\theta\cos\alpha-\sin\theta\sin\alpha\sin(wt+\varphi_0)}\sqrt{1+\cos\theta\cos\alpha+\sin\theta\sin\alpha\sin(wt+\varphi_0)} \\
&= \frac{2r_0}{\lambda}\sqrt{1-\cos^2\alpha\cos^2\theta}\sqrt{1-\frac{\sin\theta\sin\alpha\sin(wt+\varphi_0)}{1-\cos\theta\cos\alpha}}\sqrt{1+\frac{\sin\theta\sin\alpha\sin(wt+\varphi_0)}{1+\cos\theta\cos\alpha}}
\end{aligned} \tag{4.22}$$

令 $x = \sin(wt+\varphi_0)$，对式（4.22）进行泰勒展开得：

$$\begin{aligned}
\varphi_{\mathrm{DM}}(x) = &\frac{2r_0}{\lambda}\sqrt{1-\cos^2\alpha\cos^2\theta}\sqrt{1-\frac{1}{2}\frac{x\sin\theta\sin\alpha}{1-\cos\theta\cos\alpha}+\sum_{n=2}^{\infty}\frac{(-1)^{2n-1}(2n-3)!!}{(2n)!!}\left(\frac{\sin\theta\sin\alpha}{1-\cos\theta\cos\alpha}\right)^n x^n} \\
&\cdot\sqrt{1+\frac{1}{2}\frac{x\sin\theta\sin\alpha}{1+\cos\theta\cos\alpha}+\sum_{n=2}^{\infty}\frac{(-1)^{n-1}(2n-3)!!}{(2n)!!}\left(\frac{\sin\theta\sin\alpha}{1+\cos\theta\cos\alpha}\right)^n x^n}
\end{aligned} \tag{4.23}$$

为了保证弹道目标再入大气层，θ 和 α 通常都不大，此时 $\dfrac{\sin\theta\sin\alpha}{1+\cos\theta\cos\alpha}\ll 1$；$\dfrac{\sin\theta\sin\alpha}{1-\cos\theta\cos\alpha}\leqslant 1$（在 $\theta=\alpha$ 时等号成立），因此取第一个泰勒展开式的前两项，第二个泰勒展开式的前三项得：

$$\varphi_{\mathrm{DM}}(x) \approx \frac{2r_0}{\lambda}\sqrt{1-\cos^2\theta\cos^2\alpha}\left\{\begin{array}{l}1-\dfrac{\sin\theta\sin\alpha\cos\theta\cos\alpha\, x}{1-\cos^2\theta\cos^2\alpha} \\ -\dfrac{1}{8}\dfrac{\sin^2\theta\sin^2\alpha(3-\cos\theta\cos\alpha)x^2}{(1-\cos\theta\cos\alpha)^2(1+\cos\theta\cos\alpha)}\end{array}\right\} \tag{4.24}$$

因为 $f_{\mathrm{DM}} = \mathrm{d}\varphi_{\mathrm{DM}}/\mathrm{d}t$ 可得：

$$f_{\mathrm{DM}}(t) = -\frac{2r_0 w}{\lambda}\left\{\begin{array}{l}\dfrac{\sin\theta\sin\alpha\cos\theta\cos\alpha}{\sqrt{1-\cos^2\theta\cos^2\alpha}}\cos(wt+\varphi_0) \\ +\dfrac{1}{4}\dfrac{\sin^2\theta\sin^2\alpha(3-\cos\theta\cos\alpha)}{\sqrt{1-\cos^2\theta\cos^2\alpha}(1-\cos\theta\cos\alpha)}\cos(wt+\varphi_0)\sin(wt+\varphi_0)\end{array}\right\} \tag{4.25}$$

由式（4.25）可知底面边缘滑动型散射中心的微多普勒公式可近似为正弦的一次项与

二次项之和的形式，即可近似表示为 $f_{DM} = [\zeta_1 \sin(wt + \varphi_1) + \zeta_2]\cos(wt + \varphi_2)$ 的参数化形式。

c. 锥面 SSCS 理论微多普勒

SSCS 随着弹道目标的进动会在导弹目标的表面进行滑动，如图 4.8 所示。半椭球体流线型弹道目标 SSCS 的滑动轨迹及微多普勒解析表达式为：

$$f_{DS}(t) = Q(t)\cos(wt + \varphi_0) \tag{4.26}$$

$$Q(t) = \frac{2}{\lambda} \frac{w(a^2 - b^2)g(t)}{\sqrt{g(t)^2 a^2 + b^2(1 - g(t)^2)}} \sin\alpha \sin\theta \tag{4.27}$$

式中，$g(t) = \sin\alpha \sin\theta \sin(wt + \varphi_0) + \cos\alpha \cos\theta$，$a$ 和 b 分别为半椭球的长轴和短轴的一半。

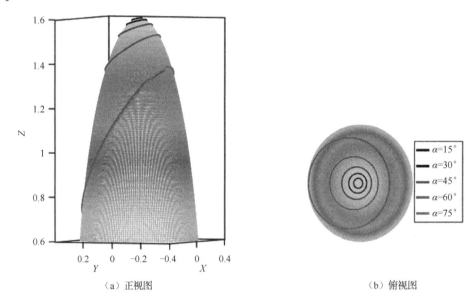

（a）正视图 （b）俯视图

图 4.8 半椭球型弹道目标 SSCS 的滑动轨迹

$$\varphi_{DS}(t) = \int_0^t f_{DS}(\tau)\mathrm{d}\tau = \frac{2}{\lambda}\sqrt{(a^2 - b^2)g^2(t) + b^2} \tag{4.28}$$

令 $x = \sin(wt + \varphi_0)$，将 $\varphi_{DS}(x)$ 在 $x=0$ 处进行泰勒展开得：

$$\varphi_{DS}(x) = \frac{2}{\lambda}\left\{ \begin{array}{l} \sqrt{(a^2 - b^2)\cos^2\alpha \cos^2\theta + b^2} + \dfrac{(a^2 - b^2)\cos\alpha \cos\theta \sin\alpha \sin\theta}{\sqrt{(a^2 - b^2)\cos^2\alpha \cos^2\theta + b^2}}x \\ + \dfrac{1}{2}\dfrac{(a^2 - b^2)b^2 \sin^2\alpha \sin^2\theta}{[(a^2 - b^2)\cos^2\alpha \cos^2\theta + b^2]^{\frac{3}{2}}}x^2 \end{array} \right\} + o(x^2) \tag{4.29}$$

因为 $f_{DS} = \mathrm{d}\varphi_{DS}/\mathrm{d}t$，可得：

$$f_{DS}(t) = \frac{2w}{\lambda}\left\{ \begin{array}{l} \dfrac{(a^2 - b^2)\cos\alpha \cos\theta \sin\alpha \sin\theta}{\sqrt{(a^2 - b^2)\cos^2\alpha \cos^2\theta + b^2}}\cos(wt + \varphi_0) \\ + \dfrac{(a^2 - b^2)b^2 \sin^2\alpha \sin^2\theta}{[(a^2 - b^2)\cos^2\alpha \cos^2\theta + b^2]^{\frac{3}{2}}}\sin(wt + \varphi_0)\cos(wt + \varphi_0) \end{array} \right\} \tag{4.30}$$

由式（4.30）可知 SSCS 的微多普勒同样也可以近似为正弦的一次项与二次项之和的形式，即可近似表示为 $f_{DS} = [\zeta_1 \sin(wt + \varphi_1) + \zeta_2] \cos(wt + \varphi_2)$ 的参数化形式。

3. 空间目标微动特性电磁仿真流程

空间目标微动特性的电磁仿真分窄带和宽带两种情况。窄带情况即空间目标的所有散射中心都在都在同一个距离单元内，从距离维度不能将散射中心分开。宽带情况，即散射中心分布在不同的距离单元，从距离维已经可以将散射中心分开，但是由于部分散射中心微动的距离范围较小，使得散射中心的微动并没有造成散射中心在不同距离单元之间"徙动"，因此散射中心的微运动特征还是不能通过一维距离像序列反映，需要进一步借助时频分析的方法，从多普勒域观测散射中心的微动现象。

a. 窄带情况

窄带条件下所有的散射中心均位于同一个距离单元，窄带极端的情况就是单频信号，换句话说没有距离分辨能力。为了减小电磁计算的复杂度，本节均关注的是单频信号下目标的微动特性仿真。

在后向散射情况下，电磁波入射和接收在同一个方向上，电磁计算软件中仿真参数的维度为 4，分别为方位角、俯仰角、极化和频率。在窄带情况下，仿真频率设置为实际雷达窄带信号的载频。电磁波的极化方式由椭圆率角和椭圆倾角确定，即电磁波的极化方式采用的是 2.3 节中的极化椭圆几何描述子。随着目标的微运动，电磁波相对于目标的姿态会发生变化，因此进行空间目标的微动特性仿真需要考虑空间目标在一定方位角和俯仰角序列下的响应。该方位角和俯仰角的序列可以由空间目标的微动模型确定。

4.3.1 节微动模型的变换矩阵 $\boldsymbol{T}_m$ 是将物体坐标系中的位置矢量转换到参考坐标系中。在电磁仿真软件中，电磁波方向是在电磁计算软件工作坐标系中定义的，该工作坐标系是以目标为中心，因此就是微动模型中的物体坐标系。因此，设定电磁波方向在参考坐标系中的方位角 φ_r 和俯仰角 θ_r 后，确定该电磁波方向随着空间目标的微动在物体坐标系中方位角 φ_b 和俯仰角 θ_b 序列可以通过 $\boldsymbol{T}_m$ 矩阵的逆变换实现，即

$$r_{\text{LOS\_b}} = \boldsymbol{T}_m^{-1} r_{\text{LOS\_r}} \tag{4.31}$$

式（4.31）中 $r_{\text{LOS\_r}} = [\sin\theta_r\cos\varphi_r, \sin\theta_r\sin\varphi_r, \cos\theta_r]$，$r_{\text{LOS\_b}} = [\sin\theta_b\cos\varphi_b, \sin\theta_b\sin\varphi_b, \cos\theta_b]$。

确定了电磁波方向在物体坐标系中的动态方位角和俯仰角序列后，获取目标给定方位角、俯仰角序列下的散射响应有两种方法：一是控制电磁计算软件单独计算给定角度下的散射场；二是依次计算一定方位角、俯仰角范围内的散射场，利用"插值"的方法获得给定视线角下的散射场。第一种方法仅能针对一种给定的微运动场景，因此"普适性"不高；第二种方法由于事先建立一个统一的"散射数据表"，因此可以针对多种微运动场景获取空间目标的动态散射数据，如果"散射数据表"的方位角范围覆盖全空域（$\varphi=0° \sim 360°$，$\theta=0° \sim 180°$），那么所有情况的微运动形式都可以通过在这个"散射数据表"中插值获得空间目标的动态散射数据。对于旋转对称目标，其后向散射特性只与 1 维观测角度有关，而双基地散射特性与 3 维观测角有关；对于非旋转对称目标，其

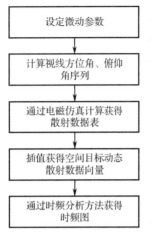

图 4.9 空间目标窄带微动特性电磁仿真流程图

后向散射特性与 2 维观测角度（方位角、俯仰角）有关，而双基地散射特性与 4 维观测角度（入射方位角、入射俯仰角、散射方位角和散射俯仰角）有关。为了降低建立"散射数据表"的维度，在工程应用中可以充分考虑空间目标的对称性以降低电磁计算的工作量。

确定了空间目标的动态散射数据后，对该散射数据向量做时频分析即可进一步分析空间目标的微动特性。综上所述，空间目标的窄带微动特性电磁仿真方法流程如图 4.9 所示。

按照图 4.9 的流程图，对半椭球型锥体目标（长半径 a=1.6m，短半径 b=0.4m）进动时的微动特性进行电磁仿真。散射数据表的电磁仿真参数如表 4.2 所示。空间目标的微动参数为进动角 8°，自旋频率 2Hz，锥旋频率 2Hz，通过 STFT 得到空间目标的进动时频图如图 4.10 所示，φ_i 和 θ_i 分别为仿真雷达视线的方位角和俯仰角。

表 4.2 半椭球型锥体目标电磁仿真参数

电磁计算方法	MLFMM
频率	10GHz
俯仰角	0° ～90°
方位角	0°
俯仰角步进	0.2°

图 4.10 虚线代表弹道目标底面边缘 SSCE 的多普勒曲线，点线代表弹道目标表面 SSCS 的多普勒曲线，实线代表弹道目标顶部 LSC 的多普勒曲线。电磁仿真结果与理论推导一致，验证了推导的散射中心 SSCE 和 SSCS 进动微多普勒公式的准确性。由式（4.19）可知，弹道目标顶部散射中心的微多普勒曲线为正弦形式。当视线角较小时，式（4.26）中正弦函数的幅度调制项趋于一个常数，且与式（4.19）中正弦函数幅度项近似相等，所以此时与 SSCS 对应的多普勒曲线近似为正弦形式，且与顶部 LSC 的多普勒曲线重合。随着视线角的增大，SSCS 在弹道目标表面的滑动轨迹范围变大，与其对应的微多普勒特征将不在与顶部 LSC 一致。由于 SSCS 随着弹道目标的微动在表面进行滑动，因此其微动特性将能直接反映弹道目标的结构，当 SSCS 的滑动轨迹范围越大时，SSCS 微动特性能体现的弹道目标结构信息将是更充分的。

空间目标的章动是在进动的基础上附加了进动轴的摆动，空间目标的微动参数为进动角 8°，自旋频率 2Hz，锥旋频率 2Hz，摆动频率 6Hz，摆动的最大幅度为 2.9°。通过 STFT 得到空间目标的章动时频图如图 4.11 所示，φ_i，θ_i 分别为仿真雷达视线的方位角和俯仰角。由于在进动的基础上加了进动轴的摆动，空间目标的章动时频图已经不像进动时频图那样有规律。

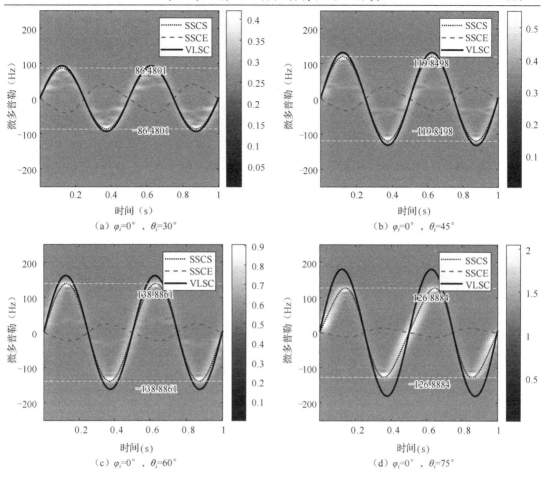

图 4.10　半椭球型空间目标进动时频图

b. 宽带情况

宽带情况下目标散射中心已经可以从距离维上分辨，散射中心位于不同的分辨单元。如果分辨率够高，散射中心的微动现象从一维距离像序列（HRRPs）中就可以得到；如果散射中心的微动范围位于一个距离单元以内，微动引起的距离"徙动"不能从HRRPs 上观测出来，因此仍需要借助时频分析方法从"时频域"观察散射中心的微动现象。

图 4.12 为旋转角形反射器微动暗室测量实验结果，发射信号采用线性调频信号，带宽 500MHz，中心频率 10GHz，距离分辨率 0.3m，两个旋转角形反射器之间的距离为 1.2m。基带信号经匹配滤波处理，得到旋转角形反射器的 HRRPs。从图 4.12（b）（c）可以看出两个旋转角形反射器从距离维上可以分开，两个旋转角形反射器之间的距离在雷达视线上的投影最大值与理论值 1.2m 接近。由于分辨率已经可以从距离上将两个角形反射器分开，因此可以直接通过 HRRPs 得到旋转角形反射器的微动特性。

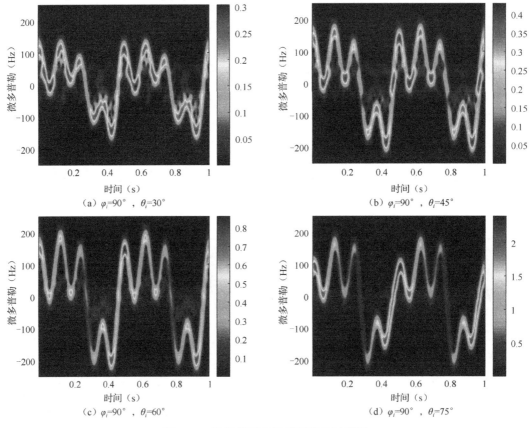

（a）$\varphi_i=90°$，$\theta_i=30°$

（b）$\varphi_i=90°$，$\theta_i=45°$

（c）$\varphi_i=90°$，$\theta_i=60°$

（d）$\varphi_i=90°$，$\theta_i=75°$

图 4.11　半椭球型空间目标章动时频图

（a）旋转角反

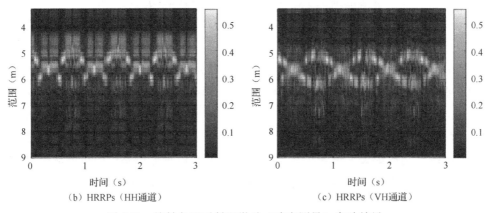

（b）HRRPs（HH通道）

（c）HRRPs（VH通道）

图 4.12　旋转角形反射器微动（暗室测量）实验结果

在微波暗室中利用矢量网络分析仪对进动的锥柱组合体空间目标进行动态散射测量，如图 4.13 所示。信号参数为步进频信号体制，频率扫描范围 9～10GHz，分辨率 0.15m，扫描频率间隔 5MHz，脉冲重复频率 68Hz。锥柱结合体弹道目标模型参数：长度为 1.2m，半锥角为 18°。实验设置：视线角 $\alpha=10.4°$，进动角 $\theta=7.8°$，进动频率 $w=0.26Hz$。

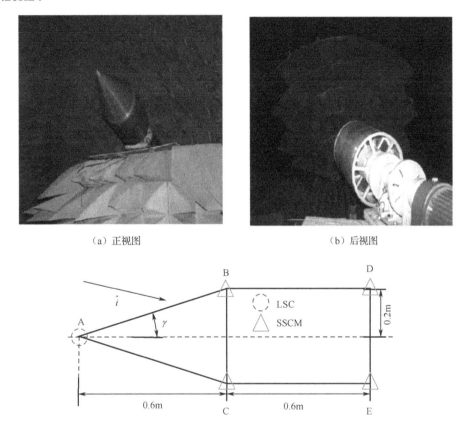

（a）正视图　　　　　　　　　　　　　　　（b）后视图

（c）弹道目标结构示意图

图 4.13　空间目标微动测量实验

对测量得到的扫频数据进行 IFFT 变换，得到一维距离像，将不同慢时间时刻的一维距离像按列排列起来，得到一维距离像序列 HRRPs。从图 4.14 可以看出，对应于锥柱组合体顶部的 LSC，锥柱组合体中部的 SSCM 和锥柱组合体底部的 SSCM 分别位于三个距离单元，在距离维是可以分开的。但是由于散射中心微动引起的距离徙动范围一直小于一个距离单元，因为从 HRRPs 序列上看不出散射中心的微动现象，因此需要进一步借助时频分析的方法。

利用非参数化时频分析方法 STFT 和参数化时频分析方法 GPTF 分别对三个散射中心对应距离单元的慢时间数据向量进行时频分析，得到图 4.15 所示锥柱组合体散射中心的微动时频图。

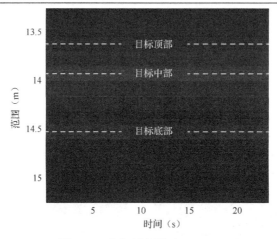

图 4.14 空间目标微动 HRRPs

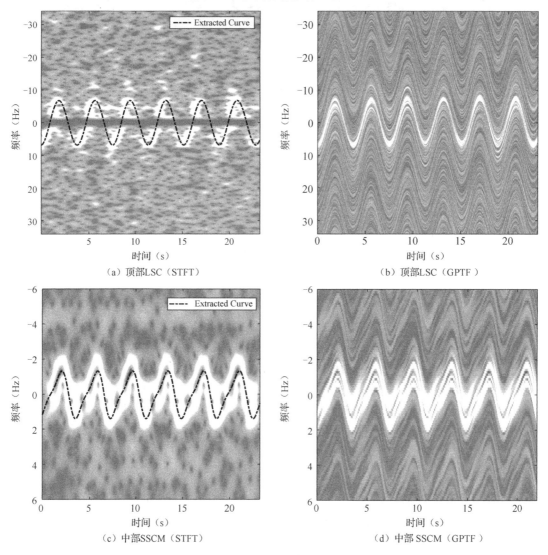

（a）顶部LSC（STFT）

（b）顶部LSC（GPTF）

（c）中部SSCM（STFT）

（d）中部 SSCM（GPTF）

图 4.15 锥柱组合体空间目标宽带微动时频图

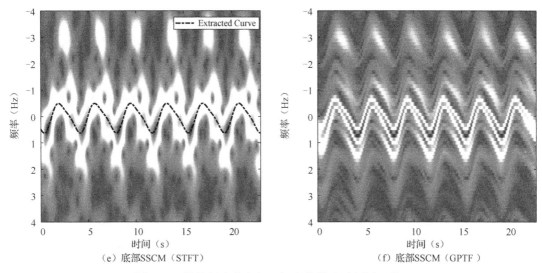

（e）底部SSCM（STFT）　　　　　　　　　　（f）底部SSCM（GPTF）

图 4.15　锥柱组合体空间目标宽带微动时频图（续）

4.3.2　旋翼无人机

无人机按飞行特点可以分为固定翼式、旋翼式和扑翼式等种类，其中旋翼无人机具有体积小、结构简单、控制比较灵活等特点，能够垂直起降、自由悬停，还能够适应各种自然环境，具备自主飞行和着陆能力，可以在一些不适合人类进入的复杂和危险环境中进行作业。近年来在科研机构、政府机构、广播媒体、个人应用和军事领域都有着越来越重要的应用。

具体应用有如下几个方面（见图 4.16）：对于科研机构，可以用来进行偏僻地区地质的考察、恶劣环境的评估和野生动植物生活习性的观察；对于政府机构，在交通管理中进行道路状况的实时监控，在火场指挥中进行现场火势状况的考察，在抢险救灾中进行危险情况的反馈以组织救援；对于媒体来说，可以进行实时新闻报道和远程采访；对于个人应用，可以用来进行空中摄影和遥控飞行；在军事方面的应用非常广泛，可以用于目标侦察和监视，尤其对人员无法进入的地区和卫星扫描不到的盲区进行侦察，传回有效的图片或录像，提供实时的战场情报，同时旋翼无人机还可以具有攻击性，对目标进行火力打击，这对于创建信息化军队，充分掌握战场实时信息，减少战争人员伤亡，夺取战争主动性具有不可忽视的主导作用；微型旋翼无人机在民用和商业上同样具有广泛的应用，喷洒农药阀、配送货物等应用在当今社会发挥了越来越重要的作用。

旋翼无人机几乎都有三个以上数目的旋翼，旋翼的转动会对入射的电磁波周期性地调制，产生微多普勒效应。无人机的微多普勒效应主要由两部分组成：把无人机看作刚体模型时由于姿态改变引起微多普勒效应；假定无人机姿态不变旋翼的旋转引起微多普勒效应。其中旋翼引起微多普勒效应是最重要的成分且是可持续观测到的，因此旋翼引起的微多普勒效应广泛应用于旋翼无人机的检测、特征提取和识别。

（a）电力巡检

（b）快递

（c）影视拍摄

（d）消防

图 4.16　旋翼无人机的应用场景

2.2.1 小节利用物理光学法求解了任意多边形平板的散射中心位置，当电磁波矢量在多边形平板内的投影与任意一条边垂直时，散射幅度达到峰值，同时与电磁波方向垂直的边对应于分布型散射中心。分布型散射中心在方位向上延展，连续占据多个分辨单元。根据距离多普勒成像原理可知，分布型散射中心方位向上的延展必然对应一段连续分布的多普勒，且该多普勒的频率范围与分布型散射中心的方位向长度是对应的。类比以上分析，随着旋翼无人机叶片的旋转，在特殊姿态角下，雷达视线与叶片会形成垂直或近似垂直的几何关系，散射幅度达到峰值，分布型散射中心成为主要的散射中心，时频域上即对应于明亮的条带竖线，并且时频域内条带竖线的多普勒带宽与叶片的长度是一一对应的，因此可以利用无人机的微多普勒效应反演叶片的长度，实现无人机分类和识别的目的。

分别对叶片长度为 1m，叶片个数为 2、3 和 4 的螺旋桨，在旋转频率为 4r/s 时的双基地微多普勒进行了电磁仿真计算，其多普勒时频图如图 4.17 所示。从图 4.17 可以更直观地看出螺旋桨叶片时频域上的分布特征。当螺旋桨叶片数量为奇数时，正负频率轴条带竖线交替出现；当螺旋桨叶片数量为偶数时，正负频率轴条带竖线同时出现。

为了验证上述螺旋桨微动特性的电磁仿真结果，作者进一步在暗室中对 3 叶片的螺旋桨模型进行了微动特性的动态测量实验，实验场景如图 4.18 所示。采用的测量设备为 24GHz 毫米波雷达，带宽 250MHz。螺旋桨模型需要手动给予动力让其旋转，然后做减速运动直至停止。对三种不同转速情况下的螺旋桨进行动态测量，结果如图 4.19

所示。从图 4.19 可以看出三叶片的螺旋桨微动特性与理论分析一致：

（1）奇数个的螺旋桨时频图中的条带两线是交错分布的；

（2）由于螺旋桨做减速运动，条带亮线的长度逐渐变短。

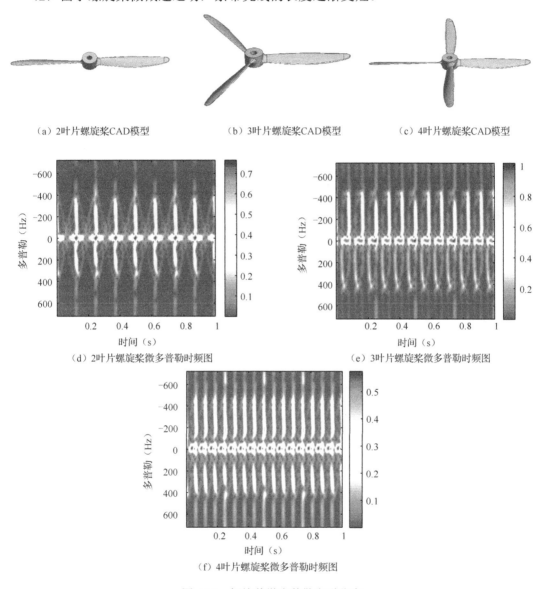

（a）2叶片螺旋桨CAD模型　　　　　　（b）3叶片螺旋桨CAD模型　　　　　　（c）4叶片螺旋桨CAD模型

（d）2叶片螺旋桨微多普勒时频图　　　　　　　　　　（e）3叶片螺旋桨微多普勒时频图

（f）4叶片螺旋桨微多普勒时频图

图 4.17　螺旋桨微多普勒电磁仿真

1. MATLAB 与 FEKO 联合仿真方法

对旋翼无人机的微多普勒进行电磁仿真时，当不考虑无人机的平动及姿态变化，无人机可以分为两部分：旋翼和其他部件，其中旋翼是运动的，其他部件在仿真时间内是静止的。因此，不能单纯通过改变电磁仿真软件中电磁波入射角度等效模拟目标的运动。作者想到的解决思路是通过 MATLAB 与 FKEO 联合仿真的方法。

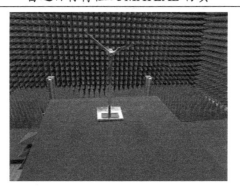

图 4.18　三叶片螺旋桨模型测试场景

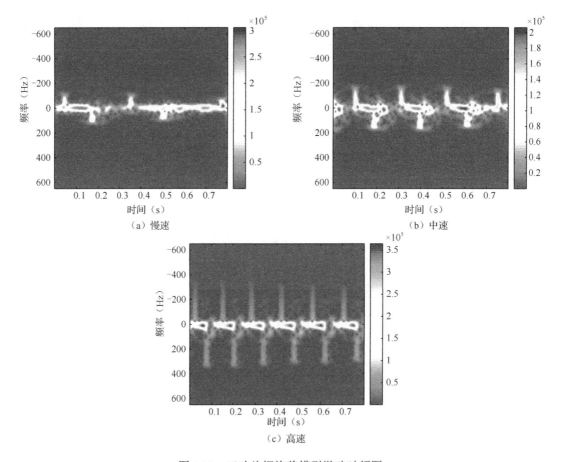

图 4.19　三叶片螺旋桨模型微动时频图

　　下面以无人机微多普勒电磁仿真为例，介绍 MATLAB 与 FEKO 联合仿真的具体流程，相关代码可在出版社免费资源区下载参考。

　　（1）构建无人机 3D 模型，如图 4.20 所示。

　　（2）设置电磁波频率（Source/Load→Frequency），设置时要注意频率的单位。

　　（3）设置入射电磁波（Source/Load→Plane Wave）。

图 4.20　大疆"悟二"型无人机 CAD 模型

（4）设置散射场方向（Request→Farfields），这里建议将 Advanced 中的输出.out 结果文件改为输出为.ffe 文件。因为.out 文件冗余的信息较多，文件往往较大，不利于后续利用 MATLAB 导出计算结果。

（5）模型的剖分（Mesh→Creat Mesh），如果模型较大，（2）中频率设置较高，则模型剖分的三角面元将会非常多，导致内存不够或计算时间过长。所以可以根据模型每个部件的尺度合理设置剖分的尺寸。在界面左下角的 Details 栏中选中要设置剖分尺寸的面元素（右键→Properties→Meshing→Mesh Size）。

（6）设置电磁计算方法（默认为 MoM），本节对无人机微多普勒仿真选择的是 MLFMM 算法（Solver Settings→MLFMM/ACA）。如果计算时间过长，可以针对模型中的大尺度部件单独设置为高频近似方法。在界面左下角的 Details 栏中选中要设置计算方法的面元素（右键→Properties→Solution）。

（7）模型参数的高级设置（Solve/Run→EDITFEKO）。

模型的整体或某个部件（旋翼）的旋转或平移通过设定 TG 卡参数来实现。

按上述流程设置后，运行（EDITFEKO→Solve/Run→PREFEKO），查看生成的.fek 文件，确认模型是否按照自己的设置进行了平移或旋转。这一步是必需的，只有保证这一步没有问题，后面通过 MATLAB 改变变量的值才会有意义。

假如模型是封闭的，将默认的电场积分方程 EFIE 改为 CFIE 会极大地提高 MLFMM 的收敛速度。

至此，所有的设置基本完成，通过 dos 指令调用 FEKO 的'prefeko'和 'runfeko'模块完成无人机的动态散射场计算。代码中 runfeko 和 prefeko 前要加路径。如果不加，运行 MATLAB 程序时就会提示找不到程序 prefeko 和 runfeko 程序。'-np all'参数指的是 runfeko 调用 License 许可的机器所有的内核，如果没有-np all 则 runfeko 只会调用机器的一个核，浪费了服务器的计算资源。

2. "大疆悟二"型无人机微动特性电磁仿真流程

利用 MATLAB 与 FEKO 联合仿真的方法实现无人机微动特性电磁仿真的流程如图 4.21 所示。

选择的计算频率为 682 MHz，该频率为数字电视地面广播（Digital Television Terrestrial Broadcasting，DTTB）信号的中心频率，材料为金属，采用的电磁计算软件为成熟的商用软件 FEKO，采用方法为矩量法（Method of Moments）。入射角度设置为俯仰角 45°，方位角 30°；接收角度设置为俯仰角 135°，方位角 60°。无人机的四个旋翼假设转速一致，转速为 10r/s。利用 MATLAB 与 FEKO 联合仿真的方法得到无人机的动态时频图如图 4.22 所示。

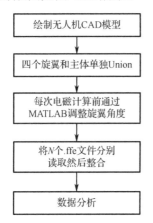

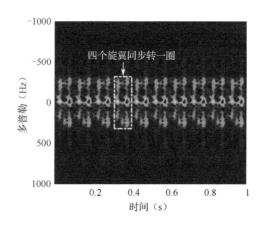

图 4.21　无人机微动特性电磁仿真流程图　　　图 4.22　大疆"悟二"型无人机动态时频图

4.3.3　行人

人在行走时除了整体的平动外，还有躯干的晃动、手臂的摆动以及腿脚的交替运动等微动，这些微动实际上含有目标身份的丰富信息。毫米波雷达对目标的微动十分敏感，目标 1m/s 的径向移动速度就能引起回波几百赫兹的多普勒调制。因此，行人微多普勒作为对行人微动的精细刻画，也就含有能够反映行人身份的丰富信息，行人微多普勒信息通常被称为微多普勒指纹。目前，人体的微多普勒效应广泛用于行为识别，威胁分析，健康监测等应用。

人体运动目标微动现象存在多种表现形式，既表现出单散射体的非匀速性，如人体加减速行进、人体重心的周期性起伏等，又表现为多散射体非刚体性，如人体的体动（心跳和呼吸时胸腔的运动）、手和腿的摆动。可见，人体在运动中几乎包含了所有的微动形式，由于人体结构的复杂性以及在运动中各部分的强耦合性，每种运动模式都是多种微动的组合，因此人体微动的雷达特征非常复杂，其研究具有深远的意义和广泛的应用价值。

为了直观地展示人体的微多普勒效应，课题组搭建了简易的暗室环境，利用 24GHz 的毫米波雷达进行人体的微动探测。搭建的实验环境如图 4.23 所示。

图 4.23　实验场景图

暗室的静区位于其几何中心，因此被测试人员站在整个暗室的中心位置，毫米波雷达摆放的高度也为暗室高度的一半，距离被测试人员 3m。测得的一维距离像如图 4.24 所示。从图中可以看出，测试的目标距离与实际距离一致。虽然位于室内，但是通过搭建的暗室环境，目标的背景环境已经变得很"干净"，测得的目标仅有被测试人员一个。背景墙距离毫米波雷达 6m 处，背景墙铺设了吸波材料后，散射强度大大减弱，小于人体的散射强度。

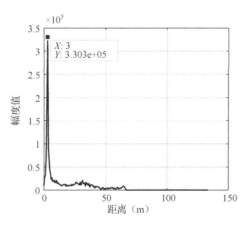

图 4.24　一维距离像

图 4.25～图 4.27 给出了被测试人员原地踏步走、原地展布跳、原地深蹲三种动作的微多普勒时频图，每组动作重复测量了 3 次。由于被测试人员原地不动，因此躯干会在零频附近形成很强的散射分量，干扰了微多普勒的观测。因此，作者通过设计的高通滤波器对毫米波雷达回波的低频分量进行了滤除。

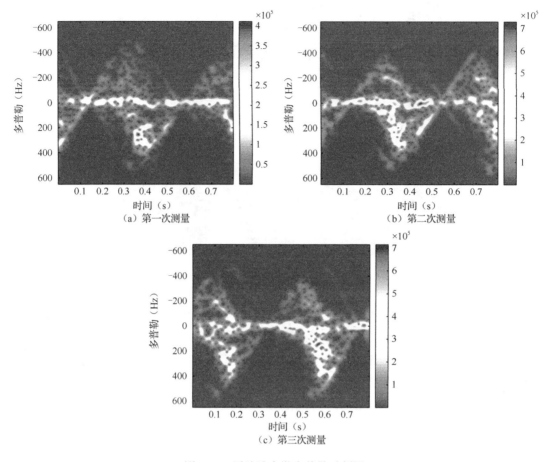

（a）第一次测量　　　　　　　　　（b）第二次测量

（c）第三次测量

图 4.25　原地踏步微多普勒时频图

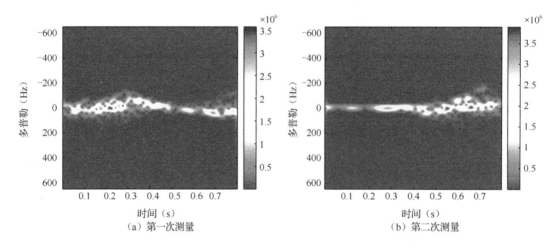

（a）第一次测量　　　　　　　　　（b）第二次测量

图 4.26　原地展布跳微多普勒时频图

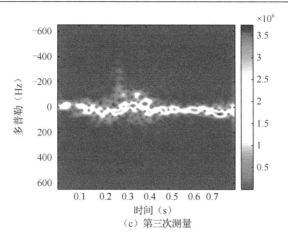

（c）第三次测量

图 4.26　原地展布跳微多普勒时频图（续）

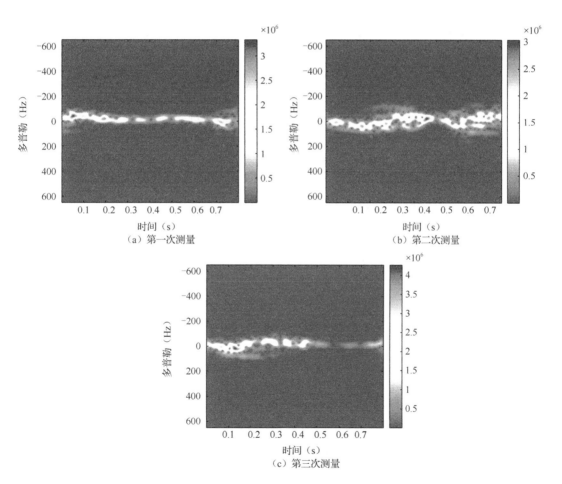

（a）第一次测量　　　　　　　　　　　　　（b）第二次测量

（c）第三次测量

图 4.27　原地深蹲微多普勒时频图

第5章 雷达目标图像特性电磁仿真

5.1 电磁计算数据与雷达回波之间的关系

目前电磁计算软件都是通过角度扫描和频率扫描获得目标空域和频域的电磁散射数据的。电磁散射数据可以认为是目标散射电磁波的频率响应。利用 IFFT（Inverse Fast Fourier Transform）运算可以获得目标散射中心的分布图（即高分辨率一维像或二维像）。本节经过分析可知，频率扫描获得的电磁散射数据同样也可以认为是线性调频信号回波经过 Dechirp 处理得到的基带信号采样数据，是目标的时域响应。

假设雷达发射信号为线性调频信号 LFM：

$$s_1(\hat{t}) = \text{rect}(\hat{t}/T_p)\exp\left[\text{j}2\pi\left(f_c\hat{t} + \frac{1}{2}\gamma\hat{t}^2\right)\right]$$
$$\hat{t} \in [-T_p/2, T_p/2] \tag{5.1}$$

其中，$\hat{t}$ 为快时间变量，T_p 为脉冲宽度，γ 为调频率，f_c 为载波频率。

在满足 Stop-And-Go 的假设条件下，目标的回波为：

$$s_2(\hat{t}, t_m, \text{pol}) = \sum_{n=1}^{N}\sigma_n(t_m, \text{pol})\cdot\text{rect}\left[\frac{\hat{t} - [r_T(t_m) + r_R(t_m)]/c}{T_p}\right]\cdot$$
$$\exp\left\{\text{j}2\pi\begin{bmatrix} f_c[\hat{t} - [r_T(t_m) + r_R(t_m)]/c] \\ +\frac{1}{2}\gamma[\hat{t} - [r_T(t_m) + r_R(t_m)]/c]^2 \end{bmatrix}\right\} \tag{5.2}$$

其中 $\sigma_n(t_m, \text{pol})$ 为第 n 个散射中心在慢时间为 t_m 时刻散射矩阵的元素；$r_T(t_m)$ 和 $r_R(t_m)$ 分别为散射中心到双基地雷达发射机和接收机的距离；pol 代表极化通道 {HH,VH,HV,VV}；c 为光速。

Dechirp 处理后获得的基带信号为：

$$s_3(\hat{t}, t_m, \text{pol}) = \sum_{n=1}^{N}\sigma_n(t_m, \text{pol})\cdot\text{rect}\left[\frac{\hat{t} - [r_T(t_m) + r_R(t_m)]/c}{T_p}\right]\cdot$$
$$\exp\left[-\text{j}\frac{2\pi}{c}(f_c + \gamma\hat{t}_\Delta)R_\Delta(t_m)\right]\cdot\exp\left(\text{j}\frac{\pi\gamma}{c^2}R_\Delta(t_m)^2\right) \tag{5.3}$$

其中，$R_\Delta(t_m) = r_T(t_m) + r_R(t_m) - 2r_{\text{ref}}$；$\hat{t}_\Delta = \hat{t} - 2r_{\text{ref}}/c$；$2r_{\text{ref}}$ 为目标中心 O 到双基地雷达收发站的距离和。

残余视频相位 RVP（Residue Video Phase）补偿后，式（5.3）变为：

$$s_3(\hat{t}, t_m, \text{pol}) = \sum_{n=1}^{N} \sigma_n(t_m, \text{pol}) \cdot \text{rect}\left[\frac{\hat{t} - [r_T(t_m) + r_R(t_m)]/c}{T_p}\right] \cdot$$

$$\exp\left[-j\frac{2\pi}{c}(f_c + \gamma\hat{t}_\Delta)R_\Delta(t_m)\right] \tag{5.4}$$

式（5.4）表明，频率为 $f = f_c + \gamma\hat{t}_\Delta$ 的复数 RCS 数据可以看作线性调频基带回波在 $\hat{t}_\Delta$ 时刻的采样值，所以，通过电磁计算软件计算的电磁散射数据可以从频域和时域两个角度来理解。如图 5.1 所示，从频域上理解，电磁计算软件算出的扫频数据可以看作目标散射的频率响应；从时域上理解，电磁计算软件算出的扫频数据还可以等效看作线性调频基带回波的时域采样数据。

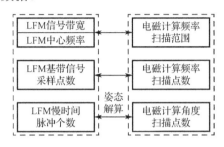

图 5.1　电磁计算数据与 LFM 基带回波的等效关系

5.2　一维距离像成像原理

一维距离像可以看作雷达目标各散射中心在雷达视线上的投影，成像原理是以信号带宽换取目标散射中心的空域分辨。目前通用的一维距离像成像方法主要是匹配滤波；如果采用的雷达信号是 LFM，则也可以采用 Dechirp 处理法。下面针对这两种方法进行介绍。

5.2.1　匹配滤波

对于发射信号为 $s(t)$ 的雷达系统来说，其匹配滤波器可以表示为：

$$h(t) = s^*(t_0 - t) \tag{5.5}$$

其中，t_0 为常数，*表示共轭运算。这里不妨令 $t_0 = 0$，则 $h(t) = s^*(-t)$。

雷达信号通过匹配滤波处理后输出为：

$$s_{\text{mf}}(t) = s(t) \otimes h(t) \tag{5.6}$$

式（5.6）可以看作平移模板信号 $h(t)$ 与回波 $s(t)$ 进行相关运算，当 $h(t)$ 与 $s(t)$ 中的一部分一致时则输出一个峰值。平移的每一个距离单位对应于采样周期内光速传播距离的一半，即

$$\Delta R = \frac{c}{2f_s} \tag{5.7}$$

其中，c 为真空中的光速，f_s 为信号采样频率。

假设采样的信号点数为 P，则每一个采样点对应的目标距离为：

$$R=R_{\mathrm{ref}}+(i-1)\Delta R \qquad i \in [1,P] \tag{5.8}$$

其中，R_{ref} 为参考信号距离，取决于式（5.5）中的 t_0。

实际雷达往往通过窄带雷达的引导设置回波采样的波门（如图 5.2 所示），为了更好地与实际雷达回波处理一致，对采样窗口内的回波进行仿真，而不是单纯只仿真一个 LFM 脉冲的回波，这样就做到了同时考虑波形的包络时延和相位时延，与雷达实际回波处理一致。假设有 3 个目标的距离，分别为 2km、3km、3.5km，3 个信号的散射强度一致，则仿真产生的 3 个点目标的回波如图 5.3 所示。

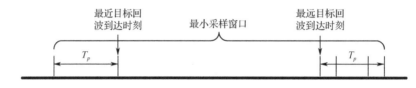

图 5.2　采样窗口

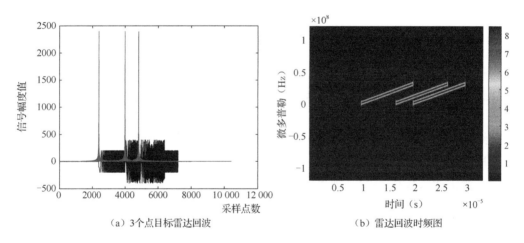

（a）3个点目标雷达回波　　　　　　　（b）雷达回波时频图

图 5.3　采样窗口内的仿真回波（$f_{\min}$=5MHz，B=30MHz，T_p=10μs）

从图 5.3（b）雷达回波的时频图中可以看出，第 2 个目标的回波分别与第 1 个和第 3 个目标的回波发生了相干叠加，所以图 5.3（a）中对应于信号混叠的部分，脉冲的回波幅度变大。图 5.3（b）也充分显示了 LFM 信号频率随时间的线性关系，表明了时–频联合分布对信号特性的分析能力。

利用 t_0=0 的参考信号对仿真生成的雷达回波进行匹配滤波，得到脉冲压缩的结果，如图 5.3（a）所示，匹配滤波得到的峰值对应于三个点目标脉冲回波的前沿。对图 5.3（a）中的一维距离像按照式（5.8）进行距离定标，得到图 5.4，从游标中可以看出脉压峰值对应的目标距离（2km，3km 和 3.5km）与设置的数值一致。

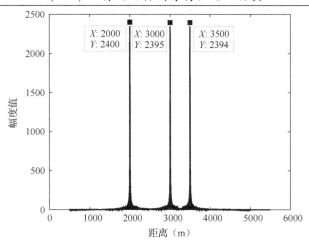

图 5.4　匹配滤波处理得到的一维距离像

5.2.2　Dechirp 脉压处理

雷达采用大带宽 LFM 信号可获得高的距离分辨率。对于宽达 1GHz 的信号，雷达难以进行实时处理，一般要通过 Dechirp 处理来降低系统采样率。Dechirp 处理又称去斜率脉压处理方法，它只要通过去斜率混频和一次 FFT 变换就可实现对线性调频信号的脉冲压缩，而如果采用匹配滤波器进行接收处理时，需要三次 FFT 处理。Dechirp 脉压处理原理如图 5.5 所示。

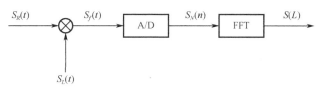

图 5.5　Dechirp 脉压处理的基本原理

图 5.5 中 $S_R(t)$ 为回波信号，$S_L(t)$ 为全去斜率的本振信号，$S_f(t)$ 为混频器输出的中频信号，$S_N(n)$ 为经 A/D 变换后得到的中频信号，$S(L)$ 为 $S_N(n)$ 经 FFT 变换后得到的信号。设发射线性调频信号，则宽带回波信号 $S_R(t)$ 为：

$$S_R(t) = \text{rect}\left(\frac{t-t_r}{T}\right)\exp\left\{2\text{j}\pi\left[f_0(t-t_r)+\frac{1}{2}k(t-t_r)^2\right]\right\} \qquad (5.9)$$

式中 rect(t) 为矩形包络，f_0 为起始频率，T 为时宽，k 为调频斜率，t_r 为回波时延。参考信号 $S_L(t)$ 是参考延时信号。当距离跟踪参考延时为 τ_0 时，进行混频后，输出 $S_f(t)$ 为：

$$S_f(t) = \text{rect}\left(\frac{t-t_r}{T}\right)\text{rect}\left(\frac{t-\tau_0}{T}\right)\exp\left\{2\text{j}\pi\left[kt(\tau_0-t_r)+f_0(\tau_0-t_r)+\frac{1}{2}k(t_r^2-\tau_0^2)\right]\right\} \quad (5.10)$$

由（5.10）式可见，去斜率混频器输出的频率和目标与参考信号间的时延差 $t_r-\tau_0$

成比例，与调频斜率有关，而与发射信号起始频率无关，因此，这种处理降低了系统采样率，而且处理简单。当参考时延选定后，对（5.10）式进行 IFFT 变换，即可获得目标的一维像 $S(L)$。此时，一维像中的各个谱峰点就代表了各个强散射点的距离相对位置。

Dechirp 处理的优点是它能有效降低系统对硬件部分的要求，大大降低系统采样率。但它也存在一些缺点，一是降低了数据率，二是由于系统的带宽是有限的，只有时间差 $t_r - \tau_0$ 在一定范围内的目标回波才能通过系统，因此，它的处理距离是有限的。

Dechirp 处理通过与参考信号混频后，差频即为 $-t_r k$（k 为 LFM 调频率），所以目标的距离与差频的频率是一一对应的。假设进行 Q 点的 FFT 变换，由于 FFT 得到的频率范围为 $-f_s/2 \sim f_s/2$，每两个频点之间的频率间隔为：

$$\Delta f = \frac{f_s}{Q} \tag{5.11}$$

根据差频率 $f_d = -t_r k$，可以得到任意频点 f 与目标对应距离的转换关系为：

$$R = \frac{-fc}{2k} \tag{5.12}$$

将式（5.11）代入式（5.12）可得

$$\Delta R = \frac{-f_s c}{2kQ} \tag{5.13}$$

对混频后的三个点目标的雷达回波进行 FFT 运算，然后利用式（5.13）进行距离定标，得到脉冲压缩结果为图 5.6。从图 5.6 的数据游标结果可以看出峰值对应的三个目标位置与设定的目标位置一致。

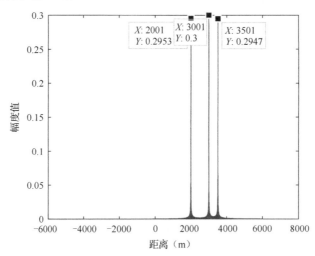

图 5.6 Dechirp 处理得到的一维距离像

需要说明的是，在实际雷达系统中，混频是在模拟域进行的，而利用 MATLAB 进行信号仿真时参考信号和雷达回波都是在数字域。此时就要求生成参考信号的脉宽要与整个信号采样窗口的时间长度一致，从时频图上看的效果如图 5.7 所示。

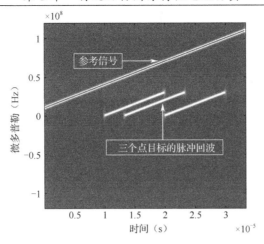

图 5.7　参考信号+雷达回波的时频图

5.3　几种二维成像算法

5.3.1　距离多普勒（RD）算法

在对一目标进行 SAR 成像仿真时，等效为对一固定目标进行扫频扫角。扫频可以获得距离向上的积累，扫角可以获得方位向上的积累。当我们发射以 Δf 频率步进、$\Delta\theta$ 角度步进的单频信号时，对计算得到的电磁散射数据进行二维 IFFT 变换便可得到 SAR 图像。

我们将二维 IFFT 拆成距离向一维 IFFT 和方位向一维 IFFT 来考虑。距离向的一维 IFFT 得到的即一维距离像。

按照扫频和 IDFT 的定义可以得到公式：

$$y(n) = \frac{1}{N}\sum_{k=0}^{N-1}\exp\left(-\mathrm{j}2\pi(f_0 + k\Delta f)\frac{2R}{c}\right)\exp\left(\mathrm{j}\frac{2\pi}{N}kn\right) \tag{5.14}$$

$$y(n) = \frac{1}{N}\exp\left(-\mathrm{j}2\pi f_0\frac{2R}{c}\right)\exp\left(\mathrm{j}\frac{N-1}{N}\left(\pi n - \Delta f\frac{2\pi RN}{c}\right)\right)\frac{\sin\left(\pi n - \Delta f\frac{2\pi RN}{c}\right)}{\sin\left(\frac{\pi}{N}n - \Delta f\frac{2\pi R}{c}\right)} \tag{5.15}$$

当 N 充分大时，$\sin\left(\dfrac{\pi}{N}n - \Delta f\dfrac{2\pi R}{c}\right)$ 可以近似为 $n\pi - \Delta f\dfrac{2\pi RN}{c}$，所以式（5.15）化简为：

$$y(n) = \frac{1}{N}\exp\left(-\mathrm{j}2\pi f_0\frac{2R}{c}\right)\exp\left(\mathrm{j}\frac{N-1}{N}\left(\pi n - \Delta f\frac{2\pi RN}{c}\right)\right)\mathrm{sinc}\left(\pi n - \Delta f\frac{2\pi RN}{c}\right) \tag{5.16}$$

当 $n = \dfrac{2RN\Delta f}{c}$ 时，$y(n)$ 取得最大值，经过变形得：

$$R = \frac{nc}{2N\Delta f} = \frac{n}{N} \frac{c}{2\Delta f} = n \frac{c}{2N\Delta f} = n \frac{c}{2B} \tag{5.17}$$

因为 $n \leqslant N$，所以距离向最大不模糊距离为 $\frac{c}{2\Delta f}$，分辨率为 $\frac{c}{2B}$。

IDFT 之所以可以进行压缩，是因为相位随着频率的步进是线性的，我们从中得出一个结论：方位向如果通过 IDFT 将横向距离压缩出来，则要求相位随着角度的步进也是线性的。

为了推导方位向最大不模糊距离和分辨率，我们可以将成像的过程看成是一个坐标变换的过程，如图 5.8 所示。

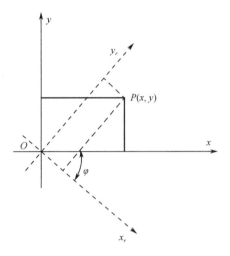

图 5.8 二维坐标系坐标变换示意图

图 5.8 中黑色实线代表物体坐标系，虚线代表雷达射线坐标系。成像的过程可以理解为从物体坐标系到雷达射线坐标系的坐标变换过程。

由坐标旋转公式得：

$$\begin{cases} x' = x\cos\varphi + y\sin\varphi \\ y' = y\cos\varphi - x\sin\varphi \end{cases} \tag{5.18}$$

设角度步进为 $\Delta\varphi$，则：

$$y' = y\cos(\varphi_0 + k\Delta\varphi) - x\sin(\varphi_0 + k\Delta\varphi) \tag{5.19}$$

对于小角度 $(k\Delta\varphi \leqslant 5°)$ 成像：

$$y' = y\cos\varphi_0 - x\sin\varphi_0 - k\Delta\varphi(y\sin\varphi_0 + x\cos\varphi_0)$$
$$y' = y_0' - k\Delta\varphi x_0' \tag{5.20}$$

通过式（5.20）可以看出，在小角度成像的前提下，相位随着角度步进是线性关系，斜率 x_0'（即横向距离）经过 IDFT 变换后会被压缩出来。

将式（5.20）代入式（5.14）的 R 中得：

$$y(n) = \frac{1}{N} \sum_{k=0}^{N-1} \exp\left(-j2\pi f_0 \frac{2(y_0' - k\Delta\varphi x_0')}{c}\right) \exp\left(j\frac{2\pi}{N}kn\right) \tag{5.21}$$

$$y(n) = \frac{1}{N} \exp\left(-\mathrm{j}2\pi f_0 \frac{2y_0{}'}{c}\right) \exp\left(\mathrm{j} \frac{N-1}{N}\left(\pi f_0 \frac{2\Delta\varphi N x_0{}'}{c} + \pi n\right)\right) \frac{\sin\left(\pi f_0 \dfrac{2\Delta\varphi N x_0{}'}{c} + \pi n\right)}{\sin\left(\pi f_0 \dfrac{2\Delta\varphi x_0{}'}{c} + \pi \dfrac{n}{N}\right)} \quad (5.22)$$

同理，当 N 充分大时，$\sin\left(\pi f_0 \dfrac{2\Delta\varphi x_0{}'}{c} + \pi \dfrac{n}{N}\right)$ 可以近似为 $\pi f_0 \dfrac{2\Delta\varphi N x_0{}'}{c} + \pi n$。所以式（5.22）化简为：

$$y(n) = \frac{1}{N} \exp\left(-\mathrm{j}2\pi f_0 \frac{2y_0{}'}{c}\right) \exp\left(\mathrm{j} \frac{N-1}{N}\left(\pi f_0 \frac{2\Delta\varphi N x_0{}'}{c} + \pi n\right)\right) \mathrm{sin}c\left(\pi f_0 \frac{2\Delta\varphi N x_0{}'}{c} + \pi n\right) \quad (5.23)$$

所以 $n = -f_0 \dfrac{2\Delta\varphi N x_0{}'}{c}$ 时，$y(n)$ 取的最大值，经过变换得：

$$-x_0{}' = \frac{cn}{2 f_0 \Delta\varphi N} = n\frac{\lambda}{2\Delta\varphi N} = \frac{n}{N}\frac{\lambda}{2\Delta\varphi} \quad (5.24)$$

因为 $n \leqslant N$，所以由式（5.24）得方位向最大不模糊距离为 $\dfrac{\lambda}{2\Delta\varphi}$，方位向分辨率为 $\dfrac{\lambda}{2\Delta\varphi N}$。

5.3.2　极坐标格式（PFA）算法

通过发射以频率步进 Δf、角度步进 $\Delta\theta$ 的单频信号对检测目标进行频率采样，获得的数据与二维图像之间构成一对离散傅里叶变换关系。该方法的思想是通过对目标进行一维距离像扫描获得二维目标图像。由于在角度扫描的过程中数据的排列为极坐标形式，而 IFFT 只能对矩形区域内的数据进行运算，所以成像的关键在于极坐标系到笛卡尔坐标系的转换，即对极坐标下的数据进行插值运算，采样得到的数据分布如图 5.9 中所示的扇形分布，我们的目标形式是图中的矩形区域。通过几何关系可以确定矩形区域在笛卡尔坐标下的坐标范围：

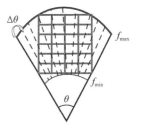

图 5.9　成像采样数据分布

$$H_x = 2 f_{\min} \tan\frac{\theta}{2} \quad (5.25)$$

$$H_y = \left[f_{\max}^2 - \left(\frac{H_x}{2}\right)^2 \right]^{0.5} - f_{\min} \quad (5.26)$$

式中，$f_{\min}$ 为频率扫描的起始频率；$f_{\max}$ 为频率扫描的终止频率；θ 为角度扫描的范围。

确定矩形区域在笛卡尔坐标系下的坐标范围后，将其转化为在极坐标下的坐标进行插值运算，插值后得到的数据再通过 RD 算法即得到该目标的 SAR 图像。

5.3.3　后向投影（BP）算法

BP 算法的算法原理推导如下：

设发射阵元有 N_T 个，记为 $r_{T_i}, i=1,2,\cdots,N_T$，接收阵元有 N_R 个，记为 $r_{R_j}, j=1,2,\cdots,N_R$。阵列发射信号为 $p(t)$，且在 r_p 处有一反射率为 $A(r_p)$ 的散射源 P。不考虑信号在传播过程中的衰减，则由第 i 个发射阵元发射，第 j 个接收阵元接收的信号为：

$$s_{i,j}(t) = A(r_p)p(t-\tau_{i,j}) \tag{5.27}$$

其中 $\tau_{i,j}$ 是传播时延，

$$\tau_{i,j} = \frac{d(r_p,r_{T_i})+d(r_{R_j},r_p)}{c} \tag{5.28}$$

成像场景中像素点 r_q 相对于 r_{T_i} 和 r_{R_j} 的时延为：

$$\tau'_{i,j} = \frac{d(r_q,r_{T_i})+d(r_{R_j},r_p)}{c} \tag{5.29}$$

利用第 i 个发射阵元，第 j 个接收阵元得到的回波可以得到单发单收雷达图像为：

$$I_{i,j}(r_q) = A(r_p)p(\tau'_{i,j}-\tau_{i,j}) \tag{5.30}$$

当 $\tau'_{i,j} = \tau_{i,j}$ 时图像取得最大值，其轨迹是椭圆，必经过目标 P。将所有 N_T 个阵元发射、N_R 个阵元接收所得的单发单收图像相干叠加，得到最终的雷达图像为：

$$I(r_q) = \sum_{i=1}^{N_T}\sum_{j=1}^{N_R} I_{i,j}(r_q) = A(r_p)p(\tau'_{i,j}-\tau_{i,j}) \tag{5.31}$$

5.4　提高电磁计算速度的技巧

值得注意的是，由于用于雷达二维成像仿真的数据涉及频率和方向两个维度，因此需要的计算量比较大，耗费的电磁计算时间比较久，尤其针对的仿真对象是电大尺寸目标时，电磁仿真计算需要的时间会难以承受。为了保证电磁计算的较高精度，对于剖分面元个数低于 100 万量级的目标，常采用 MLFMM 电磁计算方法，对于封闭目标可以进一步采用混合积分方程法 CFIE 加速收敛的速度，节约计算时间。当对目标进行剖分时，如果选择 FEKO 剖分的"粗糙"选项，由于减少了剖分的三角面元数量，因此会加速计算的时间。但是常出现的情况是，采用 CFIE 后，第一个角度或频点的计算过程往往很难收敛，而后面的频点和方向上的数据会快速收敛。因此在这种情况下，对于电磁计算结果的准确性会存在疑惑。下面给出几个实际的电磁计算实例来验证这种情况对于电磁仿真结果准确性的影响。

（1）后向散射计算情况：电磁波扫描角度为俯仰角 0°～90°，角度步进 0.2°，方位角 0°（旋转对称目标）。剖分精度设置为标准时，所有角度的残差均收敛到 3e-3 之下。剖分精度设置为"粗糙"时，采用 CFIE 方程，第一个角度未收敛，其他角度快

速收敛；两种情况的电磁散射场计算结果对比如图 5.10 所示。

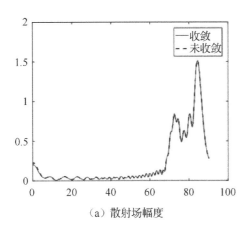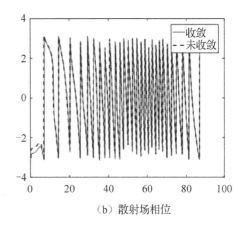

（a）散射场幅度　　　　　　　　　　　　（b）散射场相位

图 5.10　后向散射计算实例

从图 5.10 可以看出，由于第一个角度未收敛，剖分标准与剖分粗糙仅在初始几个角度有所差别，后面角度的散射场数据基本相同，但是剖分粗糙可以减少大量的运算时间。

（2）双基地散射计算情况：电磁波扫描角度设置为：入射方向角度固定，俯仰角为45°、方位角 0°；接收方向俯仰角为 45°，方位角 0°～360°。目标剖分精度设置为标准，勾选"稳定的快速多极子"选项保证结果收敛；另外一种情况目标剖分的精度设置为粗糙，MLFMM 残差未收敛到 3e-3 以下。两种情况的散射场计算结果对比如图 5.11 所示。与后向散射情况有所区别，双基地散射场的计算结果在某些方位角度下，MLFMM 收敛性对散射场计算精度的影响略大。

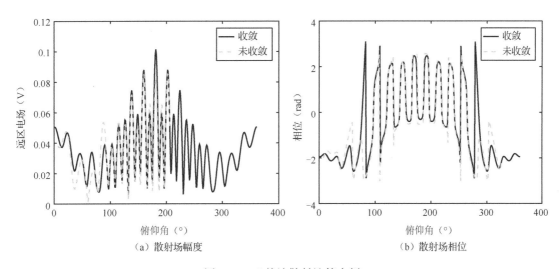

（a）散射场幅度　　　　　　　　　　　　（b）散射场相位

图 5.11　双基地散射计算实例

此次分析仅针对某旋转对称目标在特定角度下的情况，不同目标、不同角度，

MLFMM 收敛性对计算结果精度的影响肯定会有不同，此次仅做定性分析，为面临计算精度和计算时间选择时提供取舍的判断依据。

5.5 雷达目标图像特性仿真算例

雷达目标的二维图像是目标在成像平面上的投影。其中扩展目标上散射中心的距离分辨靠的是"频率扩展"，方位分辨靠的是"空间扩展"，所以获得雷达目标二维图像的通用流程是利用电磁仿真软件计算雷达目标在一定带宽范围和角度范围内的散射数据。如图 5.12 所示，带宽、频率步进、角度变化范围、角度步进 4 个电磁计算的参数要根据实际要求的分辨率和目标 CAD 模型的尺寸按照式（5.17）和式（5.24）计算。

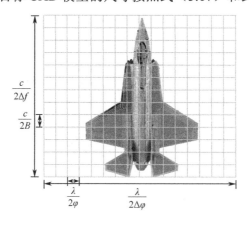

图 5.12　电磁仿真参数设置说明

例如，假设雷达图像的距离向分辨率要求为 0.1m，最大不模糊距离为 10m；方位向分辨率要求为 0.1m，最大不模糊距离要求为 10m，电磁波为 X 波段，那么可以将电磁仿真的带宽设置为 $B=1.5\mathrm{GHz}$，频率步进设置为 $\Delta f=15\mathrm{MHz}$；角度变化范围设置为 8°，角度步进设置为 0.08°。具体的频率和角度参数设置界面如图 5.13 和图 5.14 所示。

根据电磁波接收方向是否与入射方向一致，可以将雷达图像电磁仿真分为单基地和双基地两种情况。当仿真单基地雷达图像时，散射场的监视器方向设置与入射方向一致即可；如图 5.15 所示，当仿真双基地雷达图像时，散射场的监视器方向可以根据实际情况单独设置。

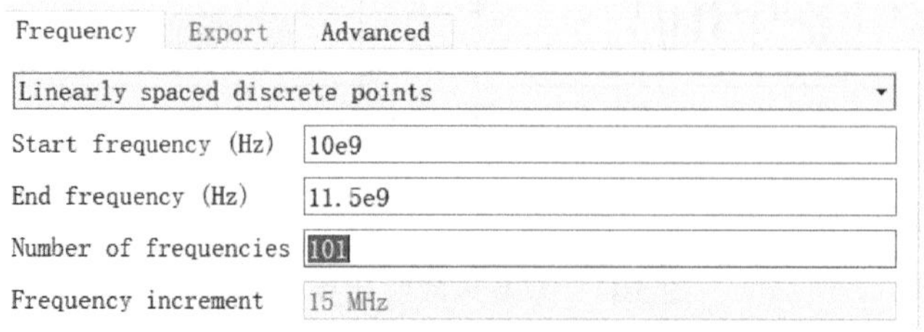

```
Frequency    Export    Advanced

Linearly spaced discrete points                    ▼

Start frequency (Hz)    10e9

End frequency (Hz)      11.5e9

Number of frequencies   101

Frequency increment     15 MHz
```

图 5.13　雷达图像电磁仿真频率参数设置

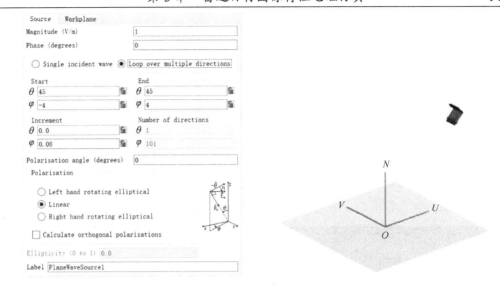

图 5.14　雷达图像电磁仿真入射平面波角度参数设置

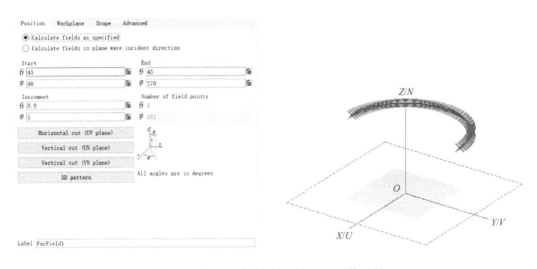

图 5.15　雷达图像电磁仿真监视器参数设置

从计算时间和计算精度两个方面考量选择合适的电磁计算方法。选择完电磁计算方法后，运行电磁仿真软件，得到雷达目标的电磁散射数据。从结果文件中读取数据，选择合适的成像算法，然后得到目标的二维雷达图像。

5.5.1　开拓者无人机

本节分析的无人机为开拓者固定翼无人机，包含机身、机翼、尾翼、发动机和螺旋桨等主要部件，机长 2.3m，翼展 2.9m，机高 0.66m，空机重 11kg。开拓者无人机由复杂材质构成，包括玻璃钢、碳纤维、木材和金属等，结构形式主要为轻质骨架外覆蒙皮。开拓者无人机的实测数据是在紧缩场暗室中获得的，采用基于矢量网络分析仪构建的散射测试系统进行实验，测量时无人机静止放置于支架上，测量场景如图 5.16（a）所示。暗室测量频率为 8～12GHz，中心频率 10GHz，频率间隔 20MHz；俯仰角 0°，方位角-180°～180°，角度间隔 0.2°；线性全极化（HH、HV、VH、VV）。

金属化模型的数值计算结果是采用并行多层快速多极子方法（MLFMM）求解混合场积分方程（CFIE）获得的，该方法能快速求解电磁场的数值问题，并且具有较高的求解精度。无人机金属化模型如图 5.16（b）所示。测量数据对应复杂材质无人机，计算数据对应金属化无人机，除此之外，测量与计算的条件设置相同，由此比对分析复杂材质目标与金属目标的极化散射特性的差异以及电磁仿真数据与暗室测量数据之间的误差。

（a）暗室静态测量场景　　　　　　　　（b）金属化模型

图 5.16　开拓者无人机测量场景及金属化模型

无人机 10GHz 全极化散射测量结果和仿真计算结果如图 5.17 所示。

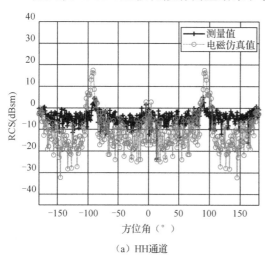
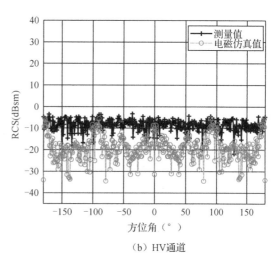

（a）HH通道　　　　　　　　　　　　（b）HV通道

图 5.17　全极化散射测量结果和仿真计算结果

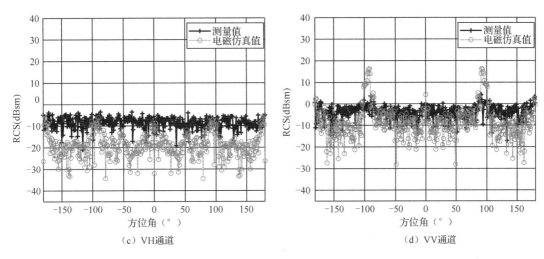

（c）VH通道 （d）VV通道

图 5.17 全极化散射测量结果和仿真计算结果（续）

图中，十字星标记线表示暗室测量数据，圆圈标记线为电磁仿真计算数据。由结果看到：

（1）无人机主极化的 RCS 高于交叉极化约 10dB。

（2）主极化通道在方位角正负 90°附近，RCS 出现峰值，说明无人机从测试方向看有相对较强的散射；

（3）主极化通道的 RCS，无人机暗室测量数据与金属化模型的计算数据在部分角度下相差较大，但在大角度范围内的均值差异较小；

（4）两种情况下的交叉极化通道数据差异较大，起伏规律差异明显。暗室测量结果中，交叉极化的 RCS 随方位角变化快速起伏，但在小角度范围内幅度的统计均值较为稳定，这说明了无人机在不同方位角度下的退极化效应的效果相当。在金属化模型的电磁仿真结果中，交叉极化在 0°、50°、90°、180° 存在较强的极化散射，而在其他角度下的散射强度相对较低。

将得到的暗室测量数据中固定角度的扫频数据按列依次排列，得到 201×1801 维的数据矩阵（如图 5.18 所示）。根据 5.3.1 节可知，由于合成带宽为 4GHz，所以距离向的分辨率为 0.0375m，为了让方位向和距离向的分辨率保持一致均为 0.0375m，所以选择方位角变化范围为 23°。分别利用 5.3 节中介绍的 RD、PFA 和 BP 算法对成像中心为 0° 时的无人机进行成像，得到图 5.19，图 5.20 和图 5.21。

对成像中心为 90°时的无人机进行成像，得到图 5.22，图 5.23 和图 5.24。

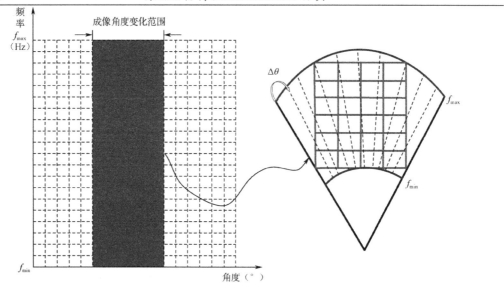

图 5.18　电磁计算或暗室测量数据矩阵与波数域分布示意图

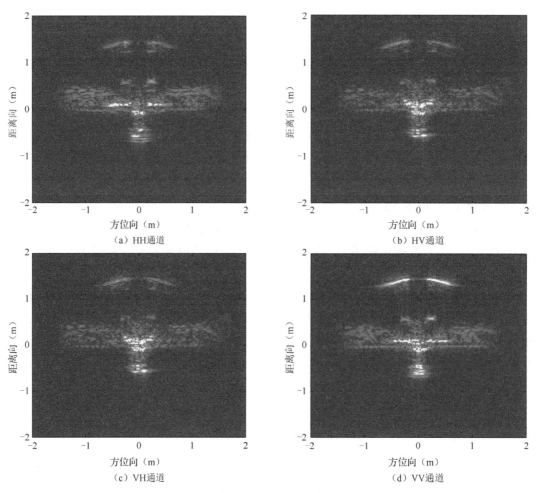

图 5.19　开拓者无人机全极化 ISAR 图像（0°，RD 算法）

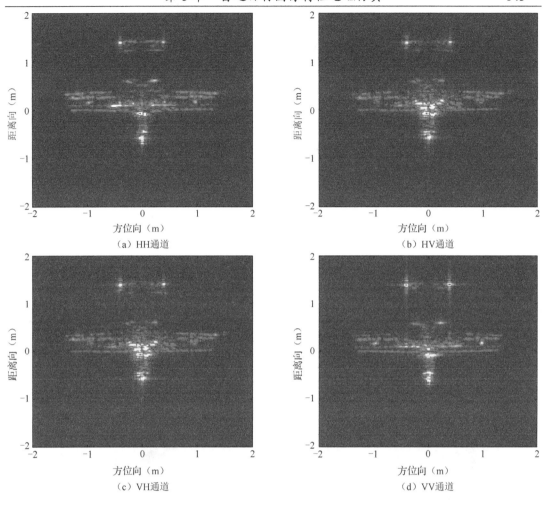

图 5.20　开拓者无人机全极化 ISAR 图像（0°，PFA 算法）

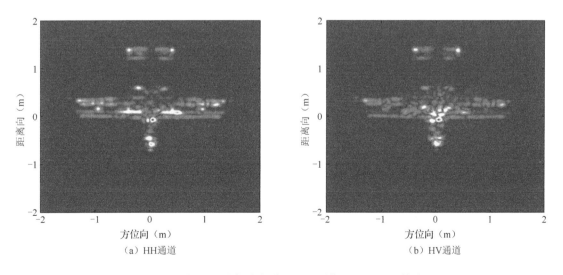

图 5.21　开拓者无人机全极化 ISAR 图像（0°，BP 算法）

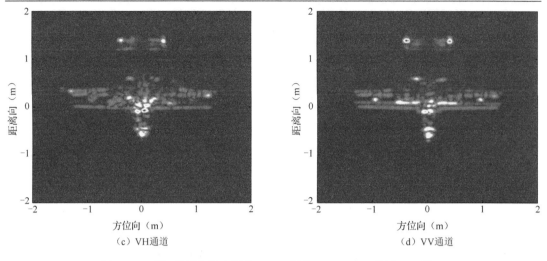

（c）VH通道 （d）VV通道

图 5.21 开拓者无人机全极化 ISAR 图像（0°，BP 算法）（续）

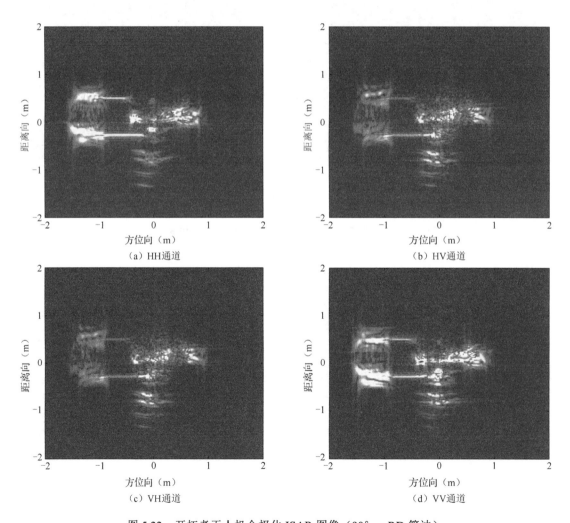

（a）HH通道 （b）HV通道

（c）VH通道 （d）VV通道

图 5.22 开拓者无人机全极化 ISAR 图像（90°，RD 算法）

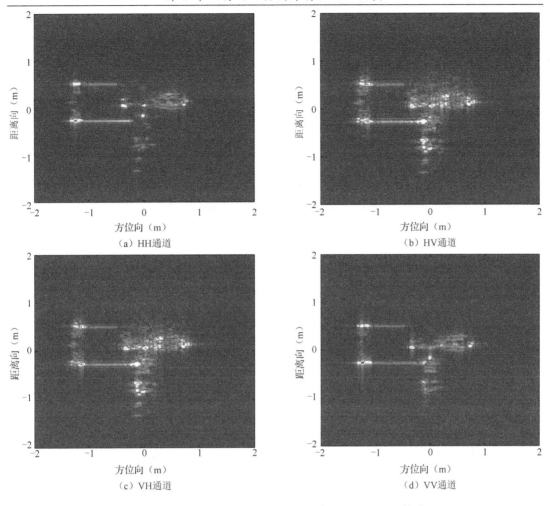

图 5.23　开拓者无人机全极化 ISAR 图像（90°，PFA 算法）

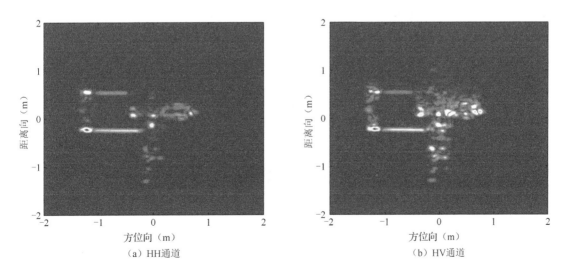

图 5.24　开拓者无人机全极化 ISAR 图像（90°，BP 算法）

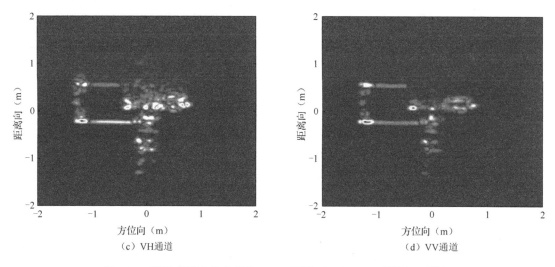

（c）VH通道　　　　　　　　　　　　　　（d）VV通道

图 5.24　开拓者无人机全极化 ISAR 图像（90°，BP 算法）（续）

5.5.2　空间目标模型

本节采用弹道空间目标模型（模型照片和尺寸结构如图 5.25 所示）的暗室测量结果进行成像，起始频率为 8.75GHz，频率步进为 20MHz，频点数为 101，俯仰角是 0°，方位角范围为 0°～180°，角度步进为 0.2°，弹道模型的横滚角为 30°。合成带宽为 2GHz，分辨率为 0.075m；为了让方位向和距离向的分辨率保持一致，都为 0.075m，所以成像的方位向"孔径"选择 11°。

采用 RD 成像算法得到的成像结果如图 5.26、图 5.27、图 5.28 所示。

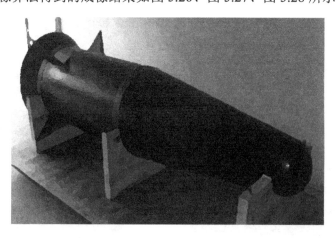

（a）模型照片

图 5.25　弹道空间目标模型和尺寸结构

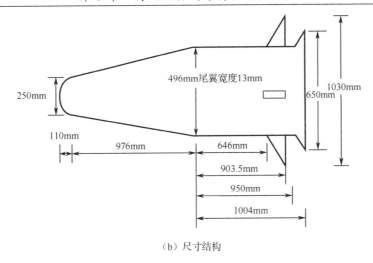

（b）尺寸结构

图 5.25　弹道空间目标模型和尺寸结构（续）

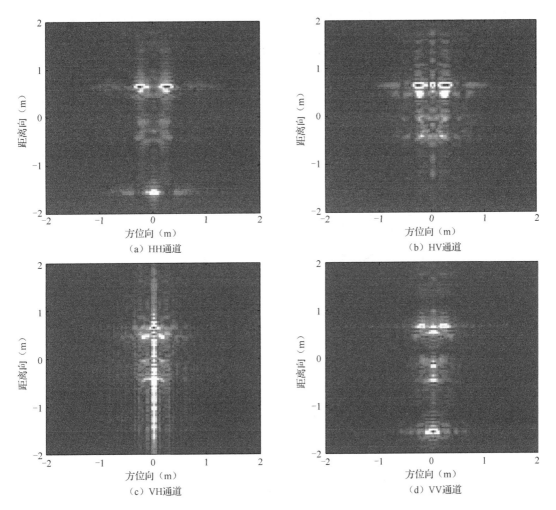

（a）HH通道　　　　　　　　　　　　　　（b）HV通道

（c）VH通道　　　　　　　　　　　　　　（d）VV通道

图 5.26　弹道空间目标模型全极化 ISAR 图像（RD 算法）

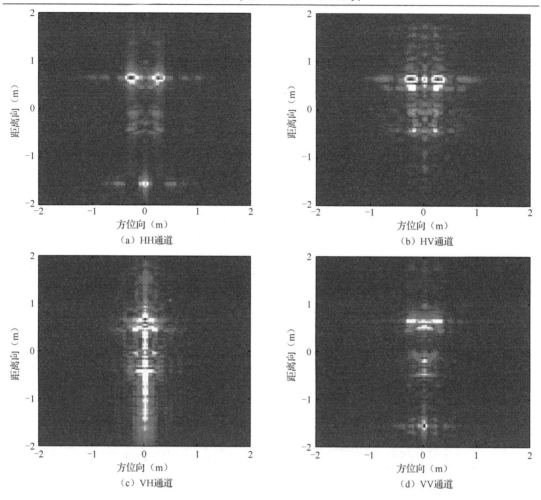

图 5.27　弹道空间目标模型全极化 ISAR 图像（PFA 算法）

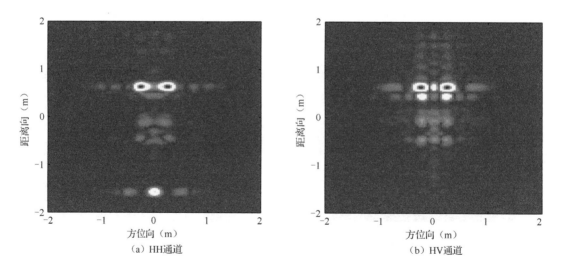

图 5.28　弹道空间目标模型全极化 ISAR 图像（BP 算法）

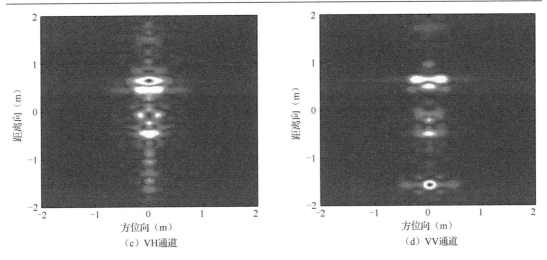

（c）VH通道　　　　　　　　　　　　　　（d）VV通道

图 5.28　弹道空间目标模型全极化 ISAR 图像（BP 算法）（续）

5.5.3　SLICY 模型

SLICY 模型是由基本体如圆柱、二面角、平面、帽型结构（见图 5.29）构成的复杂目标，是研究目标特性、雷达成像电磁仿真的典型结构。本节以 SLICY 模型为研究对象，通过电磁计算软件计算 SLICY 模型的双站散射数据，使用 BP 算法获得双基地成像结果。

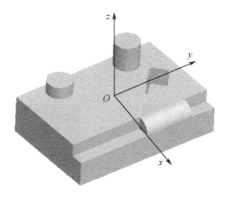

图 5.29　SLICY 模型三维结构图

第一种情况将电磁波的入射方向固定，在入射方向角度附近改变接收方向的角度获取 SLICY 模型的双站散射数据，此时双基地成像几何中等效的双基地角为 0°。从图 5.30 可以看出，由于等效的双基地角为 0°，得到的双基地图像与单基地图像一致。

第二种情况仍然选择入射方向固定，接收方向变化范围的中间角度与入射方向的夹角为 30°，此时形成双基地成像几何中等效的双基地角为 30°，得到双基地 SLICY 模型的双基地图像如图 5.31 所示。

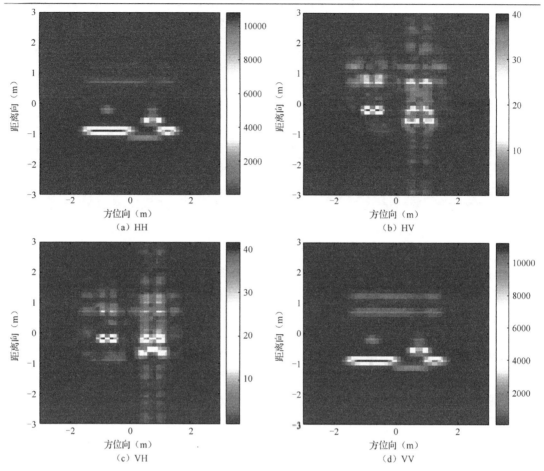

图 5.30　SLICY 模型双基地 ISAR 图像仿真

（入射方位角 0°；散射方位角-4°～4°；双基地角 0°）

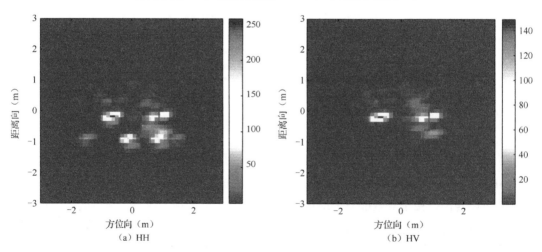

图 5.31　SLICY 模型双基地 ISAR 图像仿真

（入射方位角 0°；散射方位角 26°～34°；双基地角 30°）

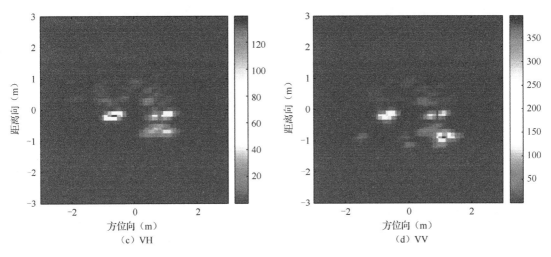

图 5.31　SLICY 模型双基地 ISAR 图像仿真（续）

（入射方位角 0°；散射方位角 26°～34°；双基地角 30°）

从图 5.31 可以看出，随着双基地角的增大，雷达目标的双站图像已经与单基地图像有了很大的区别，具体表现在以下几个方面：

（1）二面角、三面角的散射强度大大降低，从色条的数值看，散射强度大约下降 20dB。

（2）强散射点的相对位置发生了变化。

（3）主极化通道（HH/VV）不再像单基地一样十分相似，交叉极化通道（HV/VH）也不再严格满足互易性。

为了进一步放大双基地与单基地图像的差异性，第三种情况选择入射方向方位角固定为-45°，接收方向变化范围的中间角度与入射方向的夹角为 90°，此时形成双基地成像几何中等效的双基地角为 90°，得到双基地 SLICY 模型的双基地图像如图 5.32 所示。从图 5.32 可以看到由于双基地角增大带来的独特散射现象：

（1）存在目标结构之外的高阶散射分量。

（2）在单基地图像中散射较强的三面角在此双基地配置中变得不可见。

（3）随着双基地角的增大，交叉极化分量的强度也相应增加。

由于雷达目标的双站图像与单站图像的这些差异，给雷达目标的双站图像解译造成了很大难度，且由于长期缺乏雷达目标的宽带双站散射试验数据，雷达目标双站图像的解译研究一直没有取得较大的突破。

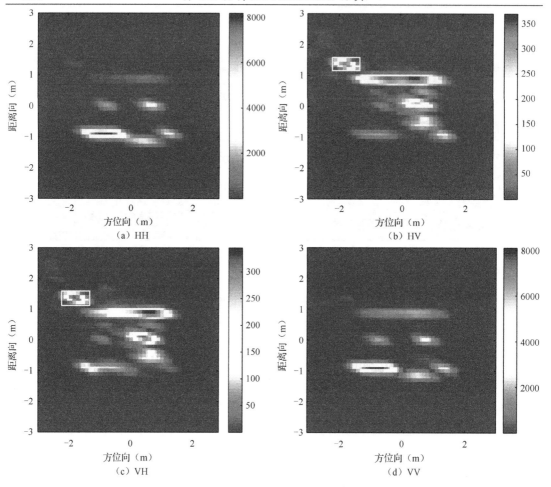

图 5.32　SLICY 模型双基地 ISAR 图像仿真

（入射方位角-45°；散射方位角 41°～49°；双基地角 90°）

第6章　雷达目标极化特性电磁仿真

6.1　极化坐标系的说明

6.1.1　FEKO 软件中极化坐标系的定义

FEKO 中极化方向定义为：入射极化方向可以根据用户的习惯自己定义，如图 6.1 所示，通过设置极化角 η，改变入射极化方向，其中 η 为电场极化方向与球坐标系-$\hat{\theta}$ 方向的夹角；散射电磁波的极化方向是固定的，ffe 文件中的 E_s(phi)为球坐标系 $\hat{\varphi}$ 方向的散射场分量，E_s(theta)为球坐标系 $\hat{\theta}$ 方向的散射场分量。

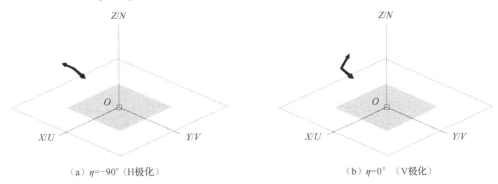

（a）η=-90°（H极化）　　　　　　（b）η=0°　（V极化）

图 6.1　FEKO 极化坐标系的定义

通过电磁计算软件计算二面角的散射矩阵，进一步说明电磁仿真软件中极化坐标系的定义。

① 长 L=10λ，宽 W=10λ 的二面角，入射角度 θ=45°，φ=0° 入射，入射极化（水平：η=-90 即球坐标-$\hat{\varphi}$ 方向；垂直：η=0 即球坐标-$\hat{\theta}$ 方向）时，散射极化（水平：球坐标 $\hat{\varphi}$ 方向；垂直：球坐标 $\hat{\theta}$ 方向）时 FEKO MLFMM 计算得到的二面角散射矩阵为：

$$S_{\text{cal\_1}} = \begin{bmatrix} 0.53 - \text{j} \times 3.63 & 5.83\text{e}^{-6} - \text{j} \times 2.55\text{e}^{-6} \\ 5.93\text{e}^{-6} - \text{j} \times 3.78\text{e}^{-6} & -0.4 + \text{j} \times 3.75 \end{bmatrix} \tag{6.1}$$

其中 j 为虚数单位。

在 BSA 约束条件下（散射电磁波的水平、垂直极化方向与入射电磁波的水平、垂直极化方向相同），二面角的理论散射矩阵为：

$$S_{\text{the}} = \begin{bmatrix} 1 & 0 \\ 0 & -1 \end{bmatrix} \tag{6.2}$$

按照上述电磁计算设置的极化方向，散射电磁波的水平、垂直极化方向与入射电磁波的水平、垂直极化方向均相反，所以 $S_{\text{cal\_1}} = -S_{\text{the}} = \begin{bmatrix} -1 & 0 \\ 0 & 1 \end{bmatrix}$。

② 长 $L=10\lambda$，宽 $W=10\lambda$ 的二面角，入射角度 $\theta=45°$，$\varphi=0°$ 入射，入射极化（水平：$\eta=90°$ 即球坐标 $\hat{\varphi}$ 方向；垂直：$\eta=0$ 即球坐标 $-\hat{\theta}$ 方向）时，散射极化（水平：球坐标 $\hat{\varphi}$ 方向；垂直：球坐标 $\hat{\theta}$ 方向）时 FEKO MLFMM 计算得到的二面角散射矩阵为：

$$S_{\text{cal\_2}} = \begin{bmatrix} -0.53 + \text{j}\times 3.63 & 6.1\text{e}^{-6} - \text{j}\times 2.45\text{e}^{-6} \\ -6.2\text{e}^{-6} + \text{j}\times 4\text{e}^{-6} & -0.4 + \text{j}\times 3.75 \end{bmatrix} \tag{6.3}$$

按照上述电磁计算设置的极化方向，散射电磁波的水平极化方向与入射电磁波的水平极化方向相同，垂直极化相反，所以 $S_{\text{cal\_2}} = \begin{bmatrix} 1 & 0 \\ 0 & -1 \end{bmatrix} S_{\text{the}} = \begin{bmatrix} 1 & 0 \\ 0 & 1 \end{bmatrix}$。

③ 长 $L=10\lambda$，宽 $W=10\lambda$ 的二面角，入射角度 $\theta=45°$，$\varphi=0°$ 入射，入射极化（水平：$\eta=-45°$；垂直：$\eta=45$），散射极化（水平：球坐标 $\hat{\varphi}$ 方向；垂直：球坐标 $\hat{\theta}$ 方向）时 FEKO MLFMM 计算得到的二面角散射矩阵为：

$$S_{\text{cal\_3}} = \begin{bmatrix} 0.37 - \text{j}\times 2.57 & -0.37 + \text{j}\times 2.57 \\ -0.284 + \text{j}\times 2.65 & -0.28 + \text{j}\times 2.65 \end{bmatrix} \tag{6.4}$$

根据散射矩阵的极化基变换公式为：

$$S' = \begin{bmatrix} \cos\theta_\text{R} & -\sin\theta_\text{R} \\ \sin\theta_\text{R} & \cos\theta_\text{R} \end{bmatrix}^\text{T} S \begin{bmatrix} \cos\theta_\text{T} & -\sin\theta_\text{T} \\ \sin\theta_\text{T} & \cos\theta_\text{T} \end{bmatrix} \tag{6.5}$$

所以式（6.4）的散射矩阵可以由式（6.1）借助式（6.5）推导出来，即

$$S_{\text{cal\_3}} = \begin{bmatrix} 1 & 0 \\ 0 & 1 \end{bmatrix} S_{\text{cal\_1}} \begin{bmatrix} \cos\frac{\pi}{4} & -\sin\frac{\pi}{4} \\ \sin\frac{\pi}{4} & \cos\frac{\pi}{4} \end{bmatrix} \tag{6.6}$$

式（6.6）右侧经计算得：

$$\begin{bmatrix} 1 & 0 \\ 0 & 1 \end{bmatrix} S_{\text{cal\_1}} \begin{bmatrix} \cos\frac{\pi}{4} & -\sin\frac{\pi}{4} \\ \sin\frac{\pi}{4} & \cos\frac{\pi}{4} \end{bmatrix} = \begin{bmatrix} 0.37 - \text{j}\times 2.57 & -0.37 + \text{j}\times 2.57 \\ -0.28 + \text{j}\times 2.65 & -0.28 + \text{j}\times 2.65 \end{bmatrix} \tag{6.7}$$

对比式（6.4）和式（6.7）可知，计算结果与理论分析一致。

6.1.2 电磁仿真数据极化坐标系的校正

实际场景中描述微动空间目标的运动状态涉及以下四类坐标系（如表 6.1 所示）：(U,V,W) 为地心直角坐标系，简记为 G，坐标系原点与地球的质心重合。雷达的空间位置及空间目标的轨道数据都定义在该坐标系下。(x, y, z) 为进动坐标系，简记为 P，进动坐标系的 z 坐标轴与空间目标的进动轴重合，坐标系原点与空间目标的质心重合。$(\hat{x},\hat{y},\hat{z})$ 为目标坐标系，简记为 L，$\hat{z}$ 为目标的对称轴，坐标系原点与空间目标的质心重

合。$(\tilde{x}_T, \tilde{y}_T, \tilde{z}_T)$ 和 $(\tilde{x}_R, \tilde{y}_R, \tilde{z}_R)$ 为雷达坐标系，简记为 T 和 R，雷达坐标系以站心为坐标系原点，$\tilde{z}_{T/R}$ 轴与地球椭球法线重合，向上为正，$\tilde{y}_{T/R}$ 与地球短半轴重合，向北为正，$\tilde{x}_{T/R}$ 轴与地球椭球的长半轴重合，向东为正。

表 6.1　坐标系定义

坐　标　轴	坐标系名称	坐标系简写
(U, V, W)	地心直角坐标系	G
(x, y, z)	进动坐标系	P
$(\hat{x}, \hat{y}, \hat{z})$	目标坐标系	L
$(\tilde{x}_{T,R}, \tilde{y}_{T,R}, \tilde{z}_{T,R})$	雷达坐标系	T, R

如图 6.2（a）所示，$(\tilde{x}_T, \tilde{y}_T, \tilde{z}_T)$ 和 $(\tilde{x}_R, \tilde{y}_R, \tilde{z}_R)$ 分别为双基地雷达发射站和接收站雷达坐标系。按照定义，发射站的极化参考平面包含向量 $\hat{k}_i$ 和 $\tilde{z}_T$；接收站的极化参考平面包含向量 $\hat{k}_s$ 和 $\tilde{z}_R$。定义与极化参考平面垂直的极化基为 H 极化基，在极化参考平面内的极化基为 V 极化基，收发站视线矢量方向与对应的 H 极化基和 V 极化基构成右手坐标系。按照此定义，发射站和接收站的 H 极化分别平行于发射站和接收站所在地的水平面。

如图 6.2（b）所示，在电磁计算软件中定义的工作坐标系与目标坐标系是一致的。入射场和散射场的极化参考平面分别为入射平面（入射射线和 $\hat{z}$ 轴确定的平面）和散射平面（散射射线和 $\hat{z}$ 轴确定的平面）。定义垂直于入射（散射）平面的是水平极化 H，在入射（散射）平面内为垂直极化 V。水平极化 H，垂直极化 V 和入射（散射）矢量构成右手坐标系。

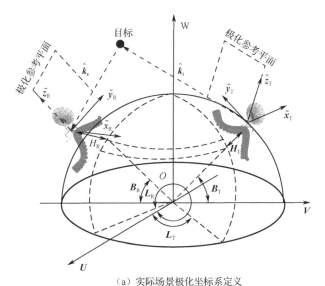

（a）实际场景极化坐标系定义

图 6.2　双基地雷达极化坐标系

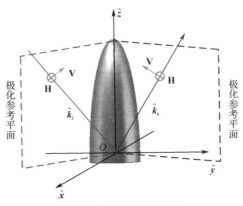

（b）电磁计算中极化坐标系定义

图 6.2　双基地雷达极化坐标系（续）

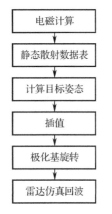

图 6.3　双基地雷达微动空间
目标全极化回波仿真流程图

　　从雷达坐标系和电磁计算工作坐标系中极化参考平面的定义来看，由于目标对称轴和雷达坐标系"指天"方向通常是不一致的，所以雷达坐标系和电磁计算工作坐标系内定义的极化参考平面是不一致的，两个坐标系下的极化基也自然不一致。因此，为了使得电磁仿真的雷达回波与目标真实回波保持一致，需要对电磁仿真的雷达回波进行极化坐标系的校正。

　　图 6.3 给出了基于电磁计算的雷达回波仿真流程图。从图 6.3 可以看出，空间目标双基地雷达全极化动态回波仿真主要包含两个主要过程：

　　（1）确定空间目标不同姿态下的散射矩阵。

　　（2）极化坐标系校正。

　　在确定空间目标不同姿态的散射矩阵过程中，最复杂和重要的步骤就是目标姿态解算，其中涉及图 6.4 中步骤 2、步骤 3 两次坐标变换。

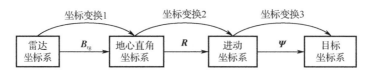

图 6.4　坐标变换流程图

　　根据双基地雷达发射站、接收站和空间目标的位置解算地心直角坐标系内发射站和接收站视线（Line of Sight，LOS）的单位向量 $r_{\mathrm{LOS\_T}}^{\mathrm{G}}$ 和 $r_{\mathrm{LOS\_R}}^{\mathrm{G}}$ 为：

$$\begin{cases} \boldsymbol{r}_{\text{LOS\_T}}^{\text{G}} = \dfrac{(u_0, v_0, w_0)^{\text{T}} - (u_{\text{T}}, v_{\text{T}}, w_{\text{T}})^{\text{T}}}{\left\| (u_0, v_0, w_0)^{\text{T}} - (u_{\text{T}}, v_{\text{T}}, w_{\text{T}})^{\text{T}} \right\|_2} \\[3mm] \boldsymbol{r}_{\text{LOS\_R}}^{\text{G}} = \dfrac{(u_{\text{R}}, v_{\text{R}}, w_{\text{R}})^{\text{T}} - (u_0, v_0, w_0)^{\text{T}}}{\left\| (u_{\text{R}}, v_{\text{R}}, w_{\text{R}})^{\text{T}} - (u_0, v_0, w_0)^{\text{T}} \right\|_2} \end{cases} \tag{6.8}$$

其中 $(u_0, v_0, w_0)^{\text{T}}$，$(u_{\text{T}}, v_{\text{T}}, w_{\text{T}})^{\text{T}}$，$(u_{\text{R}}, v_{\text{R}}, w_{\text{R}})^{\text{T}}$ 分别为空间目标、发射站和接收站在地心直角坐标系中的位置矢量。$\|\cdot\|_2$ 为向量的模。实际场景中经常用大地坐标系中的"经纬高"来确定目标的空间位置，大地坐标系和地心直角坐标系的转换公式为：

$$\begin{cases} u = (N+H)\cos B \cos L \\ v = (N+H)\cos B \sin L \\ w = [N(1-\text{e}^2) + H]\sin B \end{cases} \tag{6.9}$$

其中，(L, B, H) 对应经纬高，地球的长半径 a=6 378 245m，第一偏心率平方 e^2= 0.006 934 216 229 7，$N = a / (1 - \text{e}^2 \sin^2 B)^{1/2}$。

在电磁计算设置中电磁波入射和接收方向矢量均定义在目标坐标系中，式（6.8）中 $\boldsymbol{r}_{\text{LOS\_T}}^{\text{G}}$ 和 $\boldsymbol{r}_{\text{LOS\_R}}^{\text{G}}$ 需要经过坐标变换到目标坐标系中。下面依次介绍图 6.4 中坐标变换矩阵 $\boldsymbol{R}$ 和 $\boldsymbol{\Psi}$。

为了保证空间目标再入大气层，空间目标的进动轴指向通常被设计为再入大气层点的速度矢量方向 $\boldsymbol{v}_{\text{Re}}$。因此，这里假设进动坐标系的 z 轴与 $\boldsymbol{v}_{\text{Re}}$ 重合。

根据罗德里格斯公式，地心直角坐标系到进动坐标系的过渡矩阵为：

$$\begin{cases} (\boldsymbol{x}, \boldsymbol{y}, \boldsymbol{z}) = (\boldsymbol{U}, \boldsymbol{V}, \boldsymbol{W})\Re \\ \Re = \boldsymbol{I} + \hat{\boldsymbol{E}}\sin\alpha + \hat{\boldsymbol{E}}^2[1 - \cos\alpha] \end{cases} \tag{6.10}$$

$$\hat{\boldsymbol{E}} = \begin{bmatrix} 0 & -e_z & e_y \\ e_z & 0 & -e_x \\ -e_y & e_x & 0 \end{bmatrix} \tag{6.11}$$

其中，$\boldsymbol{I}$ 为单位矩阵；$[e_x, e_y, e_z] = \boldsymbol{W} \times \boldsymbol{v}_{\text{Re}} / \|\boldsymbol{W} \times \boldsymbol{v}_{\text{Re}}\|_2$；'$\times$' 为向量的叉积运算符。$\boldsymbol{W} \times \boldsymbol{v}_{\text{Re}}$ 为地心直角坐标系 $\boldsymbol{W}$ 轴旋转到与进动坐标系 z 轴重合的旋转轴；α 为旋转的角度。

所以，地心直角坐标系中向量的坐标到进动坐标系的变换矩阵为：

$$\boldsymbol{R} = \Re^{-1} \tag{6.12}$$

4.3.1 节对进动坐标系到目标坐标系的过渡矩阵 $\boldsymbol{T}_m(t, f_s, f_c, f_w)\,\boldsymbol{R}_{t0}$ 进行了详细推导，

$$\boldsymbol{T}_m = \boldsymbol{R}_n \boldsymbol{R}_c \boldsymbol{R}_s \tag{6.13}$$

其中 $\boldsymbol{R}_n$、$\boldsymbol{R}_c$、$\boldsymbol{R}_s$ 分别表示与章动、进动和自旋对应的过渡矩阵；$\boldsymbol{R}_{t0}$ 为初始状态的欧拉变换矩阵。

所以，进动坐标系中向量的坐标到目标坐标系的变换矩阵为：

$$\boldsymbol{\Psi} = (\boldsymbol{T}_m \boldsymbol{R}_{t0})^{-1} \tag{6.14}$$

综上所述，目标坐标系内雷达收发站视线方向矢量表示为：

$$\begin{cases} r_{\text{LOS\_T}}^{\text{L}} = \boldsymbol{\Psi} \cdot \boldsymbol{R} \cdot r_{\text{LOS\_T}}^{\text{G}} \\ r_{\text{LOS\_R}}^{\text{L}} = \boldsymbol{\Psi} \cdot \boldsymbol{R} \cdot r_{\text{LOS\_R}}^{\text{G}} \end{cases} \tag{6.15}$$

式（6.15）可将微动空间目标雷达发射站和接收站视线转化到目标坐标系中。利用电磁计算软件获得空间目标全空域静态电磁散射数据表 $\boldsymbol{\Omega}$ 后，在 $\boldsymbol{\Omega}$ 中通过插值运算即可获得空间目标的动态 RCS 序列。

目标的散射矩阵是特定极化基下的线性变换矩阵，不同基之间的线性变换矩阵是相似矩阵。提到目标散射矩阵之前必须声明是定义在哪个极化基下。

假设电磁计算获得的散射矩阵为 $\boldsymbol{S} = \begin{bmatrix} S_{\text{HH}} & S_{\text{HV}} \\ S_{\text{VH}} & S_{\text{VV}} \end{bmatrix}$，则测量得到的散射矩阵为：

$$\overline{\boldsymbol{S}} = \begin{bmatrix} \cos\Theta_{\text{R}} & \sin\Theta_{\text{R}} \\ -\sin\Theta_{\text{R}} & \cos\Theta_{\text{R}} \end{bmatrix}^{\text{T}} \boldsymbol{S} \begin{bmatrix} \cos\Theta_{\text{T}} & \sin\Theta_{\text{T}} \\ -\sin\Theta_{\text{T}} & \cos\Theta_{\text{T}} \end{bmatrix} \tag{6.16}$$

其中，$\Theta_{\text{R}} \in [0, 2\pi]$ 和 $\Theta_{\text{T}} \in [0, 2\pi]$ 分别为收发站雷达坐标系中极化坐标系到电磁计算中散射场和入射场极化坐标系的旋转角度。

因此，进行极化坐标系校正的关键就是求解 Θ_{R} 和 Θ_{T} 两个角度。为了计算 Θ_{R} 和 Θ_{T}，需要将极化基变换到同一个坐标系。将雷达坐标系内的极化基变换到目标坐标系，涉及图 6.4 中步骤 1、步骤 2、步骤 3 共三次坐标变换。

地心直角坐标系到进动坐标系变换矩阵 $\boldsymbol{R}$ 和进动坐标系到本地坐标系变换矩阵 $\boldsymbol{\Psi}$ 已经在 2.2 节介绍，接下来介绍变换矩阵 $\boldsymbol{B}_{\text{rg}}$。

雷达坐标系变换到地心直角坐标系需要两个过程：旋转和平移。首先，雷达坐标系绕地心直角坐标系的 U 轴和 W 轴分别旋转（$270° + B_{\text{T,R}}$）和（$270° - L_{\text{T,R}}$）。

$$(U', V', W') = (\tilde{x}_{\text{T,R}}, \tilde{y}_{\text{T,R}}, \tilde{z}_{\text{T,R}}) \boldsymbol{R}_U (270° + B_{\text{T,R}}) \boldsymbol{R}_W (270° - L_{\text{T,R}}) \tag{6.17}$$

其中，(U', V', W') 是与地心直角坐标系平行的过渡坐标系；$\boldsymbol{R}_U$ 和 $\boldsymbol{R}_W$ 是 3×3 旋转矩阵。

然后，将 (U', V', W') 的坐标原点平移到与地心直角坐标系原点重合。所以，雷达坐标系内的任意一点的坐标 $(\tilde{x}, \tilde{y}, \tilde{z})^{\text{T}}$ 变换到地心直角坐标系的变换矩阵为：

$$(U, V, W)^{\text{T}} = \boldsymbol{B}_{\text{rg}} (\tilde{x}, \tilde{y}, \tilde{z})^{\text{T}} + (U_{\text{T,R}}, V_{\text{T,R}}, W_{\text{T,R}})^{\text{T}} \tag{6.18}$$

其中

$$\begin{aligned} \boldsymbol{B}_{\text{rg}} &= \boldsymbol{R}_W^{-1}(270° - L_{\text{T,R}}) \boldsymbol{R}_U^{-1}(270° + B_{\text{T,R}}) \\ &= \begin{bmatrix} -\sin L_{\text{T,R}} & -\sin B_{\text{T,R}} \cos L_{\text{T,R}} & \cos B_{\text{T,R}} \cos L_{\text{T,R}} \\ \cos L_{\text{T,R}} & -\sin B_{\text{T,R}} \sin L_{\text{T,R}} & \cos B_{\text{T,R}} \sin L_{\text{T,R}} \\ 0 & \cos B_{\text{T,R}} & \sin B_{\text{T,R}} \end{bmatrix} \end{aligned} \tag{6.19}$$

极化基属于向量，只考虑方向问题，坐标变换不需要考虑坐标系之间的平移。所以，将雷达坐标系内的极化基 $(\hat{h}_{\text{T,R}}^{\text{RaCS}}, \hat{v}_{\text{T,R}}^{\text{RaCS}})$ 变换到目标坐标系的变换矩阵为：

$$\boldsymbol{M} = \boldsymbol{\Psi} \cdot \boldsymbol{R} \cdot \boldsymbol{B} \tag{6.20}$$

雷达坐标系内的极化基 $(\hat{h}_{\text{T,R}}^{\text{RaCS}}, \hat{v}_{\text{T,R}}^{\text{RaCS}})$ 和目标坐标系极化基 $(\hat{h}_{\text{T,R}}^{\text{L}}, \hat{v}_{\text{T,R}}^{\text{L}})$ 根据式（6.21）和式（6.22）求得：

$$
\begin{cases}
\hat{\boldsymbol{h}}_{\mathrm{T}}^{\mathrm{RaCS}} = \dfrac{\tilde{\boldsymbol{z}}_{\mathrm{T}} \times (\boldsymbol{B}_{\mathrm{rg}}^{-1} \cdot \boldsymbol{r}_{\mathrm{LOS\_T}}^{\mathrm{G}})}{\left\| \tilde{\boldsymbol{z}}_{\mathrm{T}} \times (\boldsymbol{B}_{\mathrm{rg}}^{-1} \cdot \boldsymbol{r}_{\mathrm{LOS\_T}}^{\mathrm{G}}) \right\|_2} \\[4mm]
\hat{\boldsymbol{v}}_{\mathrm{T}}^{\mathrm{RaCS}} = \dfrac{(\boldsymbol{B}_{\mathrm{rg}}^{-1} \cdot \boldsymbol{r}_{\mathrm{LOS\_T}}^{\mathrm{G}}) \times \hat{\boldsymbol{h}}_{\mathrm{T}}^{\mathrm{RaCS}}}{\left\| (\boldsymbol{B}_{\mathrm{rg}}^{-1} \cdot \boldsymbol{r}_{\mathrm{LOS\_T}}^{\mathrm{G}}) \times \hat{\boldsymbol{h}}_{\mathrm{T}}^{\mathrm{RaCS}} \right\|_2} \\[4mm]
\hat{\boldsymbol{h}}_{\mathrm{R}}^{\mathrm{RaCS}} = \dfrac{\tilde{\boldsymbol{z}}_{\mathrm{R}} \times (\boldsymbol{B}_{\mathrm{rg}}^{-1} \cdot \boldsymbol{r}_{\mathrm{LOS\_R}}^{\mathrm{G}})}{\left\| \tilde{\boldsymbol{z}}_{\mathrm{R}} \times (\boldsymbol{B}_{\mathrm{rg}}^{-1} \cdot \boldsymbol{r}_{\mathrm{LOS\_R}}^{\mathrm{G}}) \right\|_2} \\[4mm]
\hat{\boldsymbol{v}}_{\mathrm{R}}^{\mathrm{RaCS}} = \dfrac{(\boldsymbol{B}_{\mathrm{rg}}^{-1} \cdot \boldsymbol{r}_{\mathrm{LOS\_R}}^{\mathrm{G}}) \times \hat{\boldsymbol{h}}_{\mathrm{R}}^{\mathrm{RaCS}}}{\left\| (\boldsymbol{B}_{\mathrm{rg}}^{-1} \cdot \boldsymbol{r}_{\mathrm{LOS\_R}}^{\mathrm{G}}) \times \hat{\boldsymbol{h}}_{\mathrm{R}}^{\mathrm{RaCS}} \right\|_2}
\end{cases}
\tag{6.21}
$$

$$
\begin{cases}
\hat{\boldsymbol{h}}_{\mathrm{T}}^{\mathrm{L}} = \dfrac{\hat{\boldsymbol{z}} \times \boldsymbol{r}_{\mathrm{LOS\_T}}^{\mathrm{L}}}{\left\| \hat{\boldsymbol{z}} \times \boldsymbol{r}_{\mathrm{LOS\_T}}^{\mathrm{L}} \right\|_2} \\[4mm]
\hat{\boldsymbol{v}}_{\mathrm{T}}^{\mathrm{L}} = \dfrac{\boldsymbol{r}_{\mathrm{LOS\_T}}^{\mathrm{L}} \times \hat{\boldsymbol{h}}_{\mathrm{T}}^{\mathrm{L}}}{\left\| \boldsymbol{r}_{\mathrm{LOS\_T}}^{\mathrm{L}} \times \hat{\boldsymbol{h}}_{\mathrm{T}}^{\mathrm{L}} \right\|_2} \\[4mm]
\hat{\boldsymbol{h}}_{\mathrm{R}}^{\mathrm{L}} = \dfrac{\hat{\boldsymbol{z}} \times \boldsymbol{r}_{\mathrm{LOS\_R}}^{\mathrm{L}}}{\left\| \hat{\boldsymbol{z}} \times \boldsymbol{r}_{\mathrm{LOS\_R}}^{\mathrm{L}} \right\|_2} \\[4mm]
\hat{\boldsymbol{v}}_{\mathrm{R}}^{\mathrm{L}} = \dfrac{\boldsymbol{r}_{\mathrm{LOS\_R}}^{\mathrm{L}} \times \hat{\boldsymbol{h}}_{\mathrm{R}}^{\mathrm{L}}}{\left\| \boldsymbol{r}_{\mathrm{LOS\_R}}^{\mathrm{L}} \times \hat{\boldsymbol{h}}_{\mathrm{R}}^{\mathrm{L}} \right\|_2}
\end{cases}
\tag{6.22}
$$

将雷达坐标系的极化基变换到目标坐标系后，根据式（6.23）最终可以确定雷达坐标系中极化基到目标坐标系中极化基的旋转角度 Θ_{T} 和 Θ_{R}。

$$
\begin{cases}
\cos\Theta_{\mathrm{T}} = (\boldsymbol{M} \cdot \hat{\boldsymbol{h}}_{\mathrm{T}}^{\mathrm{RaCS}}) \cdot \hat{\boldsymbol{h}}_{\mathrm{T}}^{\mathrm{L}} \\[2mm]
\sin\Theta_{\mathrm{T}} = \left\| (\boldsymbol{M} \cdot \hat{\boldsymbol{h}}_{\mathrm{T}}^{\mathrm{RaCS}}) \times \hat{\boldsymbol{h}}_{\mathrm{T}}^{\mathrm{L}} \right\|_2 \\[2mm]
\cos\Theta_{\mathrm{R}} = (\boldsymbol{M} \cdot \hat{\boldsymbol{h}}_{\mathrm{R}}^{\mathrm{RaCS}}) \cdot \hat{\boldsymbol{h}}_{\mathrm{R}}^{\mathrm{L}} \\[2mm]
\sin\Theta_{\mathrm{R}} = \left\| (\boldsymbol{M} \cdot \hat{\boldsymbol{h}}_{\mathrm{R}}^{\mathrm{RaCS}}) \times \hat{\boldsymbol{h}}_{\mathrm{R}}^{\mathrm{L}} \right\|_2
\end{cases}
\tag{6.23}
$$

其中运算符 '·' 代表向量的点乘运算。

最后，将计算得到的 Θ_{R} 和 Θ_{T} 代入式（6.16），对电磁仿真回波进行极化坐标系的校正。

6.2　雷达目标极化特征

6.2.1　Huynen 目标参数

忽略绝对相位和幅度，在后向散射条件下，J. R. Huynen 的博士论文最早分析了可以反映目标的极化能力、奇/偶次散射、旋向和对称性几个物理特征的特征角 γ，弹跳

角 ν，取向角 θ 和对称角 τ。由于该参数集与目标的结构特征紧密联系，一直以来备受雷达极化学研究人员的广泛关注。法国航空航天研究院（ONERA）Titin-Schnaider 将参数集 $\{\gamma,\nu,\theta,\tau\}$ 在不同的论文中分别称为 Huynen 目标参数、Huynen 极化叉参数和 Huynen 目标特征参数。Cameron 极化分解提出者 William L. Cameron 将该参数集称为 Huynen 分解参数。清华大学杨健教授将这些参数称为 Huynen 目标参数。还有许多知名学者称为 Huynen 参数，Huynen 欧拉参数等。在本书中，作者沿用 Huynen 目标参数一词，因为目标参数可以更宏观、统一地涵盖其表征形式、物理含义等多重内涵。

假设双基地雷达发射天线的极化状态为 $\boldsymbol{P}_{\mathrm{E}}$，接收天线的极化状态为 $\boldsymbol{P}_{\mathrm{S}}$，则目标散射场的极化状态为：

$$\boldsymbol{P}_{\mathrm{S}}=\boldsymbol{S}\cdot\boldsymbol{P}_{\mathrm{E}} \tag{6.24}$$

其中，$\boldsymbol{S}=\begin{bmatrix} S_{\mathrm{HH}} & S_{\mathrm{HV}} \\ S_{\mathrm{VH}} & S_{\mathrm{VV}} \end{bmatrix}$ 为目标散射矩阵，S_{HH} 中 H 代表接收极化，大写字母 V 代表发射极化，其他元素依此类推。在单基地情况下，在 BSA（Back Scatter Alignment）约束下目标的散射矩阵是对称的，而双基地雷达目标的散射矩阵往往是非对称的。

根据矩阵分解理论可知，对非对称的矩阵，可以通过奇异值分解将其对角化：

$$\boldsymbol{S}_{\mathrm{d}}=\boldsymbol{U}_{\mathrm{S}}^{\mathrm{T}}\cdot\boldsymbol{S}\cdot\boldsymbol{U}_{\mathrm{E}} \tag{6.25}$$

其中，$\boldsymbol{U}_{\mathrm{S}}$ 和 $\boldsymbol{U}_{\mathrm{E}}$ 的列向量为 Hermitian 矩阵 $\boldsymbol{S}\boldsymbol{S}^{+}$ 和 $\boldsymbol{S}^{+}\boldsymbol{S}$ 的特征向量。

将式（6.25）变形为：

$$\boldsymbol{S}=\boldsymbol{U}_{\mathrm{S}}^{*}\cdot\boldsymbol{S}_{\mathrm{d}}\cdot\boldsymbol{U}_{\mathrm{E}}^{+} \tag{6.26}$$

因为 $\boldsymbol{S}\boldsymbol{S}^{+}$ 和 $\boldsymbol{S}^{+}\boldsymbol{S}$ 为 Hermitian 矩阵，所以它们的特征向量 $\boldsymbol{p}$ 和 $\boldsymbol{p}_{\perp}$ 是正交的，可以写为以下形式：

$$\begin{cases} \boldsymbol{p}=[\mathrm{e}^{-\mathrm{i}\theta\sigma_3}][\mathrm{e}^{\mathrm{i}\tau\sigma_2}]\begin{pmatrix} 1 \\ 0 \end{pmatrix} \\[2mm] \boldsymbol{p}_{\perp}=[\mathrm{e}^{-\mathrm{i}\theta\sigma_3}][\mathrm{e}^{\mathrm{i}\tau\sigma_2}]\begin{pmatrix} 0 \\ 1 \end{pmatrix} \end{cases} \tag{6.27}$$

$$\boldsymbol{\sigma}_0=\begin{bmatrix} 1 & 0 \\ 0 & 1 \end{bmatrix} \quad \boldsymbol{\sigma}_1=\begin{bmatrix} 1 & 0 \\ 0 & -1 \end{bmatrix} \quad \boldsymbol{\sigma}_2=\begin{bmatrix} 0 & 1 \\ 1 & 0 \end{bmatrix} \quad \boldsymbol{\sigma}_3=\begin{bmatrix} 0 & -i \\ i & 0 \end{bmatrix} \tag{6.28}$$

根据式（6.27），正交变换矩阵为：

$$\boldsymbol{U}_{\mathrm{R,E}}(\theta,\tau)=[\boldsymbol{p},\boldsymbol{p}_{\perp}]=[\mathrm{e}^{-\mathrm{i}\theta\sigma_3}][\mathrm{e}^{\mathrm{i}\tau\sigma_2}] \tag{6.29}$$

所以式（6.26）可以表示为：

$$\boldsymbol{S}=[\mathrm{e}^{-\mathrm{i}\theta_s\sigma_3}][\mathrm{e}^{-\mathrm{i}\tau_s\sigma_2}]\cdot\boldsymbol{S}_{\mathrm{d}}\cdot[\mathrm{e}^{-\mathrm{i}\tau_i\sigma_2}][\mathrm{e}^{\mathrm{i}\theta_i\sigma_3}] \tag{6.30}$$

$$\boldsymbol{S}_{\mathrm{d}}=\mu\mathrm{e}^{\mathrm{i}k}\begin{bmatrix} \mathrm{e}^{2\mathrm{i}\nu} & 0 \\ 0 & \tan^2\gamma\,\mathrm{e}^{-2\mathrm{i}\nu} \end{bmatrix}=\mu\mathrm{e}^{\mathrm{i}k}[\mathrm{e}^{\mathrm{i}\nu\sigma_1}]\begin{bmatrix} 1 & 0 \\ 0 & \tan^2\gamma \end{bmatrix}[\mathrm{e}^{\mathrm{i}\nu\sigma_1}] \tag{6.31}$$

将式（6.31）代入式（6.30）得：

$$\boldsymbol{S}=\mu\mathrm{e}^{\mathrm{i}k}[\mathrm{e}^{-\mathrm{i}\theta_s\sigma_3}][\mathrm{e}^{-\mathrm{i}\tau_s\sigma_2}][\mathrm{e}^{\mathrm{i}\nu\sigma_1}]\begin{bmatrix} 1 & 0 \\ 0 & \tan^2\gamma \end{bmatrix}[\mathrm{e}^{\mathrm{i}\nu\sigma_1}][\mathrm{e}^{-\mathrm{i}\tau_i\sigma_2}][\mathrm{e}^{\mathrm{i}\theta_i\sigma_3}] \tag{6.32}$$

其中，μ、k 对应于绝对幅度和绝对相位，与目标的电磁散射机理无关，后续内容将不考虑 μ、k。其中，$[e^{i\alpha\sigma_k}] = \sigma_0 \cos\alpha + i\sigma_k \sin\alpha$，$\sigma_k$ 为 Pauli 基矩阵，$\alpha = \{\theta, \tau, v\}$。

参数 θ_s、θ_i、τ_s、τ_i、v、γ 称为双基地雷达目标的 Huynen 参数。在单基地雷达情况下 $\theta_s = \theta_i, \tau_s = \tau_i$，Huynen 参数变成 4 个。这 6 个 Huynen 参数的取值范围为：

$$\begin{cases} -\dfrac{\pi}{2} \leqslant \theta_s, \theta_i \leqslant \dfrac{\pi}{2} \\[2mm] -\dfrac{\pi}{4} \leqslant \tau_s, \tau_i \leqslant \dfrac{\pi}{4} \\[2mm] -\dfrac{\pi}{4} \leqslant v \leqslant \dfrac{\pi}{4} \\[2mm] 0 \leqslant \gamma \leqslant \dfrac{\pi}{4} \end{cases} \tag{6.33}$$

下面将依次讲解这些 Huynen 参数，讨论它们与双基地雷达目标电磁散射机理的对应关系。

1. 极化角 γ

对角阵 $\begin{bmatrix} 1 & 0 \\ 0 & \tan^2\gamma \end{bmatrix}$ 中极化角 γ 反映目标的极化能力，这种极化能力是指对任意极化状态的入射波，目标只会散射特定极化状态电磁波的能力。例如，假设入射电磁波的极化状态为 $P_E = (a, b)^T$，则散射电磁波的极化状态为：

$$P_R = \begin{bmatrix} 1 & 0 \\ 0 & \tan^2\gamma \end{bmatrix} \begin{pmatrix} a \\ b \end{pmatrix} = \begin{pmatrix} a \\ b\tan^2\gamma \end{pmatrix} \tag{6.34}$$

当 $\gamma = \dfrac{\pi}{4}$ 时，$P_R = (a, b)^T$，即目标不改变入射电磁波的极化状态，散射电磁波的极化状态与入射电磁波的极化状态相同，比如金属球体。

当 $\gamma = 0$ 时，$P_R = (a, 0)^T$，即目标散射波的极化状态 $(1, 0)^T$ 与入射电磁波的极化状态无关，比如细长金属丝。

2. 倾斜角 θ_s、θ_i

为了研究 θ_s、θ_i 对应目标的电磁散射机理，假设目标 $\tau_E = \tau_R = 0$，其散射矩阵为：

$$S = [e^{-i\theta_s\sigma_3}] \begin{bmatrix} e^{2iv} & 0 \\ 0 & \tan^2\gamma\, e^{-2iv} \end{bmatrix} [e^{i\theta_i\sigma_3}] \tag{6.35}$$

假设入射电磁波为线极化，其极化状态为：

$$P_E = [e^{-i\theta\sigma_3}] \begin{pmatrix} 1 \\ 0 \end{pmatrix} \tag{6.36}$$

下面对以下四种情况分类讨论。

a. $\gamma = 0$，$\forall v$

在这种情况下，式（6.35）可以写为：

$$S=[e^{-i\theta_s\sigma_3}]\begin{bmatrix} e^{2iv} & 0 \\ 0 & 0 \end{bmatrix}[e^{i\theta_i\sigma_3}] \tag{6.37}$$

目标散射波的极化状态为：

$$P_R = S \cdot P_E = e^{2iv}\cos(\theta - \theta_i)\begin{bmatrix} \cos\theta_s \\ \sin\theta_s \end{bmatrix} \tag{6.38}$$

式（6.38）表明对 Huynen 参数 $\theta_i, \theta_s, \tau_i = \tau_s = 0, \gamma = 0, \forall v$ 的线目标，当入射电磁波是倾斜角为 θ 的线极化波时，其散射电磁波为倾斜角为 θ_s 的线极化波，即散射波的极化状态与入射波无关。

b. $\gamma = \dfrac{\pi}{4}$, $v=0$。

此时目标的散射矩阵为：

$$S=[e^{-i\theta_s\sigma_3}]\begin{bmatrix} 1 & 0 \\ 0 & 1 \end{bmatrix}[e^{i\theta_i\sigma_3}] \tag{6.39}$$

目标散射波的极化状态为：

$$P_R = S \cdot P_E = \begin{bmatrix} \cos(\theta_s - \theta_i + \theta) \\ \sin(\theta_s - \theta_i + \theta) \end{bmatrix} \tag{6.40}$$

式（6.40）表明对 Huynen 参数 $\theta_i, \theta_s, \tau_i = \tau_s = 0, \gamma = \dfrac{\pi}{4}, v=0$ 的非极化目标（例如金属球），散射波为倾斜角为 $\theta_s + \theta - \theta_i$ 的线极化波。

c. $\gamma = \dfrac{\pi}{4}, |v| = \dfrac{\pi}{4}$

此时目标的散射矩阵为：

$$S=\pm[e^{-i\theta_s\sigma_3}]\begin{bmatrix} i & 0 \\ 0 & -i \end{bmatrix}[e^{i\theta_i\sigma_3}] \tag{6.41}$$

目标散射波的极化状态为：

$$P_R = S \cdot P_E = \pm i\begin{bmatrix} \cos(\theta_s + \theta_i - \theta) \\ \sin(\theta_s + \theta_i - \theta) \end{bmatrix} \tag{6.42}$$

式（6.42）表明对 Huynen 参数 $\theta_i, \theta_s, \tau_i = \tau_s = 0, \gamma = \dfrac{\pi}{4}, |v| = \dfrac{\pi}{4}$ 的目标，散射波为倾斜角为 $\theta_s + \theta_i - \theta$ 的线极化波。

d. $\gamma = \dfrac{\pi}{4}$, $0 < |v| < \dfrac{\pi}{4}$。

此时目标的散射矩阵为：

$$S=[e^{-i\theta_s\sigma_3}]\begin{bmatrix} e^{2iv} & 0 \\ 0 & e^{-2iv} \end{bmatrix}[e^{i\theta_i\sigma_3}] \tag{6.43}$$

目标散射波的极化状态为：

$$P_R = S \cdot P_E = \cos(2v)\begin{pmatrix} \cos(\theta_s - \theta_i + \theta) \\ \sin(\theta_s - \theta_i + \theta) \end{pmatrix} + i\sin(2v)\begin{pmatrix} \cos(\theta_s + \theta_i - \theta) \\ \sin(\theta_s + \theta_i - \theta) \end{pmatrix} \tag{6.44}$$

式（6.44）表明对 Huynen 参数 $\theta_i, \theta_s, \tau_i = \tau_s = 0, \gamma = \frac{\pi}{4}, 0 < |\nu| < \frac{\pi}{4}$ 的目标，散射波为倾斜角分别为 $\theta_s - \theta_i + \theta$ 和 $\theta_s + \theta_i - \theta$ 的线极化波叠加成的椭圆极化波。

3. 对称角 τ_s、τ_i

为了研究 τ_s、τ_i 对应目标的电磁散射机理，假设目标的倾斜角为 $\theta_s = \theta_i = 0$。

则目标的散射矩阵为：

$$S = [\mathrm{e}^{-\mathrm{i}\tau_s \sigma_2}] \begin{bmatrix} a & 0 \\ 0 & b \end{bmatrix} [\mathrm{e}^{-\mathrm{i}\tau_i \sigma_2}] \tag{6.45}$$

其中，对角阵可以表示为以下参数化形式：

$$\begin{cases} S_{\mathrm{d}} = \begin{bmatrix} a & 0 \\ 0 & b \end{bmatrix} = \alpha \sigma_0 + \beta \sigma_1 \\ \alpha = \dfrac{a+b}{2}, \beta = \dfrac{a-b}{2} \end{cases} \tag{6.46}$$

根据式（6.45），散射矩阵 S 可以进一步表示为：

$$S = \alpha \cos(\tau_s + \tau_i)\sigma_0 + \beta \cos(\tau_s - \tau_i)\sigma_1 - \mathrm{i}\alpha \sin(\tau_s + \tau_i)\sigma_2 - \beta \sin(\tau_s - \tau_i)\sigma_3 \tag{6.47}$$

由式（6.47）可知，散射矩阵的交叉项来自第三项 $-\mathrm{i}\alpha \sin(\tau_s + \tau_i)\sigma_2$ 和第四项 $-\beta \sin(\tau_s - \tau_i)\sigma_3$。

a. S 是对称的（即 $S_{\mathrm{VH}} = S_{\mathrm{HV}}$）

由于矩阵 σ_3 产生散射矩阵的非对称成分，所以如果使散射矩阵对称，则公式（6.47）中第四项的系数应为 0，即

$$\beta = 0 \qquad \text{或} \qquad \tau_s = \tau_i \tag{6.48}$$

其中，$\beta = 0$ 说明 $a = b$，即 Huynen 参数中 $\nu = 0, \gamma = \frac{\pi}{4}$。

b. S 是对角阵（即 $S_{\mathrm{VH}} = S_{\mathrm{HV}} = 0$）

由于矩阵 σ_2、σ_3 产生散射矩阵的交叉分量，所以如果散射矩阵是对角阵，则式（6.47）中第三项和第四项的系数应为 0，即只需满足下列三个条件中的任意一个。

$$\begin{cases} \tau_s = \tau_i = 0 \\ \alpha = 0 \quad \beta \neq 0 \quad \tau_s = \tau_i \\ \alpha \neq 0 \quad \beta = 0 \quad \tau_s = -\tau_i \end{cases} \tag{6.49}$$

其中，$\alpha = 0$ 说明 $a + b = 0$，即 Huynen 参数中 $\nu = \frac{\pi}{4}, \gamma = \frac{\pi}{4}$。

从式（6.47）可知，当 $\tau_s = \tau_i = 0$，目标的双基地散射矩阵为对角阵，即电磁波传播平面为目标的对称平面，目标为对称目标，因此 $\tau_s = \tau_i = 0$ 为目标对称性的标志。

4. 跳跃角 ν

根据电磁波在目标散射过程中的弹跳次数，Huynen 参数 ν 可以将目标分为两类，

分别为奇次散射目标（$\nu=0$）和偶次散射目标（$\nu=\dfrac{\pi}{4}$）。

表 6.2　为不同散射矩阵与双基地 Huynen 参数关系表。

表 6.2　不同散射矩阵与双基地 Huynen 参数关系表

s	$\tau_s \ \& \ \tau_i$	γ	ν	目标
$\begin{bmatrix} 1 & 0 \\ 0 & 1 \end{bmatrix}$	$\tau_s + \tau_i = 0$	$\pi/4$	0	金属球
$\begin{bmatrix} 1 & 0 \\ 0 & -1 \end{bmatrix}$	$\tau_i - \tau_s = 0$	$\pi/4$	$\pm\pi/4$	二面角
$\begin{bmatrix} 0 & 1 \\ 1 & 0 \end{bmatrix}$	$\tau_i = \tau_s = \pm\pi/4$	$\pi/4$	0	
$\begin{bmatrix} 1 & 0 \\ 0 & 0 \end{bmatrix}$	$\tau_s = \tau_i = 0$	0	$\forall$	偶极子
$\begin{bmatrix} 1 & 0 \\ 0 & \pm i \end{bmatrix}$	$\tau_s = \tau_i = 0$	$\pi/4$	$\pm\pi/8$	
$\begin{bmatrix} 1 & \pm i \\ \pm i & -1 \end{bmatrix}$	$\tau_i = \tau_s = \pm\pi/4$	0	$\forall$	螺旋线
$\begin{bmatrix} 1 & \pm 1 \\ \pm 1 & -1 \end{bmatrix}$	$\tau_i = \tau_s = \pm\pi/4$	$\pi/4$	$\pm\pi/8$	
$\begin{bmatrix} 1 & \pm i \\ \pm i & 1 \end{bmatrix}$	$\tau_i = \tau_s = \pm\pi/4$	$\pi/4$	0	
$\begin{bmatrix} 0 & 1 \\ -1 & 0 \end{bmatrix}$	$\tau_s = \pm\pi/4, \ \tau_i = -\tau_s$	$\pi/4$	$\pm\pi/4$	
$\begin{bmatrix} 0 & 0 \\ 1 & 0 \end{bmatrix}\begin{bmatrix} 0 & 1 \\ 0 & 0 \end{bmatrix}$	$\tau_s = 0,\pi/2, \ \tau_i = \tau_s - \pi/2$	0	$\forall$	
$\begin{bmatrix} 0 & 1 \\ \pm i & 0 \end{bmatrix}$	$\tau_s = 0,\pi/2, \ \tau_i = \tau_s - \pi/2$	$\pi/4$	$\pm\pi/8$	
$\begin{bmatrix} \pm 1 & 1 \\ -1 & \pm 1 \end{bmatrix}$	$\tau_s = \pm\pi/4, \ \tau_i = -\tau_s$	$\pi/4$	$\pm\pi/8$	
$\begin{bmatrix} 1 & \pm i \\ \mp i & 1 \end{bmatrix}$	$\tau_s = \pm\pi/4, \ \tau_i = -\tau_s$	0	$\forall$	
$\begin{bmatrix} 1 & \pm i \\ \mp i & -1 \end{bmatrix}$	$\tau_i - \tau_s = \pm\pi/4$	$\pi/4$	$\pm\pi/4$	

6.2.2　最优极化

目标最佳极化是已知目标的极化散射特性，确定发射和接收极化方式，使得获得的目标散射接收功率最大或最小，这种确定发射和接收的极化就被称为目标的最佳极化。在已知目标的散射矩阵或 Kennaugh 矩阵后，可以从理论上推导出该目标的最佳极化，包括 1 个共极化最大值 Co-Max、1 个共极化鞍点 Co-S、2 个共极化零点 Co-N、2 个交叉极化最大值 X-Max，2 个交叉极化零点 X-N 和 2 个交叉极化鞍点 X-S。这些最佳极化在 Poincare 球上的分布形态为"极化叉"或"极化树"为普遍认知，但是，根据 Huynen 目标参数中的特征角，分布形态其实可以细分为"针型""帽型"和"叉型"三种类型。

已知目标的 $\boldsymbol{K}$ 矩阵，得到接收功率 P 和接收天线极化状态 $\boldsymbol{g}_r$ 和发射天线极化状态 $\boldsymbol{g}_i$ 的关系为：

$$P=\boldsymbol{g}_r^{\mathrm{T}}\cdot\boldsymbol{K}\cdot\boldsymbol{g}_i=\boldsymbol{g}_{r0}^{\mathrm{T}}\cdot\boldsymbol{K}_0\cdot\boldsymbol{g}_{i0} \tag{6.50}$$

其中

$$\boldsymbol{K}=O_3(2\theta)O_2(2\tau)O_1(-2\nu)\cdot\boldsymbol{K}_0\cdot O_1(2\nu)O_2(-2\tau)O_3(-2\theta) \tag{6.51}$$

$\boldsymbol{O}_1$，$\boldsymbol{O}_2$，$\boldsymbol{O}_3$ 为旋转矩阵：

$$\boldsymbol{O}_1(2\nu)=\begin{pmatrix} 1 & 0 & 0 & 0 \\ 0 & 1 & 0 & 0 \\ 0 & 0 & \cos 2\nu & \sin 2\nu \\ 0 & 0 & -\sin 2\nu & \cos 2\nu \end{pmatrix} \tag{6.52}$$

$$\boldsymbol{O}_2(2\tau)=\begin{pmatrix} 1 & 0 & 0 & 0 \\ 0 & \cos 2\tau & 0 & -\sin 2\tau \\ 0 & 0 & 1 & 0 \\ 0 & \sin 2\tau & 0 & \cos 2\tau \end{pmatrix} \tag{6.53}$$

$$\boldsymbol{O}_3(2\theta)=\begin{pmatrix} 1 & 0 & 0 & 0 \\ 0 & \cos 2\theta & -\sin 2\theta & 0 \\ 0 & \sin 2\theta & \cos 2\theta & 0 \\ 0 & 0 & 0 & 1 \end{pmatrix} \tag{6.54}$$

$$\boldsymbol{K}_0(\gamma)=\frac{\mu^2}{4\cos^4\gamma}\begin{bmatrix} 1+\cos^2 2\gamma & 2\cos 2\gamma & 0 & 0 \\ 2\cos 2\gamma & 1+\cos^2 2\gamma & 0 & 0 \\ 0 & 0 & \sin^2 2\gamma & 0 \\ 0 & 0 & 0 & -\sin^2 2\gamma \end{bmatrix} \tag{6.55}$$

根据式（6.50）、式（6.51）和式（6.55），

$$P=\boldsymbol{g}_r^{\mathrm{T}}\cdot\boldsymbol{O}_3(2\theta)O_2(2\tau)O_1(-2\nu)\cdot\boldsymbol{K}_0\cdot\boldsymbol{O}_1(2\nu)O_2(-2\tau)O_3(-2\theta)\cdot\boldsymbol{g}_i \tag{6.56}$$

所以

$$\begin{cases} \boldsymbol{g}_i = \boldsymbol{O}_3(2\theta)\boldsymbol{O}_2(2\tau)\boldsymbol{O}_1(-2\nu)\boldsymbol{g}_{i0} \\ \boldsymbol{g}_r = \boldsymbol{O}_3(2\theta)\boldsymbol{O}_2(2\tau)\boldsymbol{O}_1(-2\nu)\boldsymbol{g}_{r0} \end{cases} \tag{6.57}$$

式（6.57）建立了由 $\boldsymbol{K}$ 矩阵求得的最佳极化与 $\boldsymbol{K}_0$ 对应的最佳极化之间的几何关系：由 $\boldsymbol{K}_0$ 矩阵求得的最佳极化分别围绕 Poincare 球的三个坐标轴旋转 $2\nu,2\tau,2\theta$ 角度，得到 $\boldsymbol{K}$ 矩阵对应的最佳极化。因此，已知目标 $\boldsymbol{K}$ 矩阵，求目标的最佳极化问题可以转化为求解 $\boldsymbol{K}_0$ 矩阵的最佳极化。

1. 共极化接收

设式（6.50）中 $\boldsymbol{g}_{i0}$ 为 $[1,a,b,c]^{\mathrm{T}}$，在共极化接收模式下，式（6.50）可具体表示为：

$$P=[1,a,b,c]\cdot\boldsymbol{K}_0\cdot[1,a,b,c]^{\mathrm{T}} \tag{6.58}$$

将式（6.55）代入式（6.58），忽略常系数，经过化简得到功率 P。

$$P = (a+\cos 2\gamma)^2 + b^2\sin^2 2\gamma \tag{6.59}$$

a. 共极化零点

求解方程 $P = (a + \cos 2\gamma)^2 + b^2 \sin^2 2\gamma = 0$

1）$\gamma = 0$

方程简化为 $P = (a + 1)^2 = 0$，所以方程的解为 $(-1, 0, 0)$。

2）$\gamma = \pi/4$

方程简化为 $P = a^2 + b^2 = 0$，所以方程的解为 $(0, 0, \pm 1)$。

3）$0 < \gamma < \pi/4$

方程的解为 $(-\cos 2\gamma, 0, \pm \sin 2\gamma)$

综上，共极化零点的解为 $(-\cos 2\gamma, 0, \pm \sin 2\gamma)$。

b. 共极化最大值点

根据式（6.59），共极化接收的功率是 Huynen 目标参数特征角 γ 的函数，根据 γ 分为三种情况讨论。

1）$\gamma = 0$

式（6.59）简化为 $P = (a + 1)^2$，因为 $a^2 + b^2 \leqslant 1$，所以当 ($a = 1$，$b = 0$，$c = 0$) 时，P 取最大值。

2）$\gamma = \pi/4$

式（6.59）简化为 $P = a^2 + b^2$，因为 $a^2 + b^2 \leqslant 1$，所以当满足 ($a^2 + b^2 = 1$，$c = 0$) 时，P 取最大值。

3）$0 < \gamma < \pi/4$

为了求式（6.59）的最大值，首先求功率 P 的驻点

$$\begin{cases} P_a = 2(a + \cos 2\gamma) = 0 \\ P_b = 2b \sin^2 2\gamma = 0 \end{cases} \tag{6.60}$$

根据式（6.60）求得两个驻点：

$$\begin{cases} a = -\cos 2\gamma \\ b = 0 \\ c = \pm \sin 2\gamma \end{cases} \tag{6.61}$$

将式（6.61）代入式（6.60）得 $P = 0$，因为 $P \geqslant 0$，所以式（6.61）为共极化零点。

再求出边界上函数的最值，将 $a^2 + b^2 = 1$ 代入式（6.59）得：

$$P = (a + \cos 2\gamma)^2 + (1 - a^2) \sin^2 2\gamma \tag{6.62}$$

令 $P_a = 2 \cos 2\gamma (a \cos 2\gamma + 1) = 0$，得 $a = -1/\cos 2\gamma$；因为 $-1 \leqslant a \leqslant 1$ 且 $0 < \gamma < \pi/4$，所以驻点不存在。继续求边界点的函数值：

$$\begin{cases} P(-1) = (\cos 2\gamma - 1)^2 \\ P(1) = (1 + \cos 2\gamma)^2 \end{cases} \tag{6.63}$$

故 $P(a, b, c)$ 的最大值为 $P(1, 0, 0) = (1 + \cos 2\gamma)^2$，共极化最大值为 ($a = 1$，$b = 0$，$c = 0$)。

c. 共极化鞍点

在 Poincare 极化轨道 $a^2 + b^2 = 1$ 上，根据式（6.62）可知 $P_a > 0$，所以在极化轨道

$a^2+b^2=1$ 上，$(a=-1，b=0，c=0)$是最小值点。在 Poincare 另外一条极化轨道 $a^2+c^2=1$ 上，根据式（6.59） $P=(a+\cos 2\gamma)^2$，所以当 $a\in[-\cos 2\gamma,-1]$ 时，$P_a\leqslant 0$。因为 $(-\cos 2\gamma,0,\pm\sin 2\gamma)$ 为共极化零点，所以$(a=-1，b=0，c=0)$为极化轨道 $a^2+c^2=1$ 上的极大值点。由于$(a=-1，b=0，c=0)$在 $a^2+b^2=1$ 极化轨道方向上是最小值点，在与 $a^2+b^2=1$ 正交的方向 $a^2+c^2=1$ 上是极大值点，因此根据"鞍点"的数学定义，$(a=-1，b=0，c=0)$为共极化鞍点。

2. 交叉极化接收

设式（6.50）中 $\boldsymbol{g}_{i0}$ 为$[1,a,b,c]^T$，在交叉极化接收模式下，式（6.50）可具体表示为：

$$P=[1,-a,-b,-c]\cdot\boldsymbol{K}_0\cdot[1,a,b,c]^T \tag{6.64}$$

将式（6.55）代入式（6.64），忽略常系数化简得到功率 $P_\perp$。

$$P_\perp=c^2+b^2\cos^2 2\gamma \tag{6.65}$$

a. 交叉极化零点

求解方程 $P_\perp=c^2+b^2\cos^2 2\gamma=0$

1）$\gamma=0$

方程简化为 $P_\perp=b^2+c^2=0$，所以方程的解为 $(\pm1,0,0)$。

2）$\gamma=\pi/4$

方程简化为 $P_\perp=c^2=0$，所以方程的解为$(a^2+b^2=1，c=0)$。

3）$0<\gamma<\pi/4$

方程的解为 $(\pm1,0,0)$。

b. 交叉极化最大值

1）$\gamma=0$

式（6.65）简化为 $P_\perp=c^2+b^2$，因为 $b^2+c^2\leqslant1$，所以当$(a=0，b^2+c^2=1)$时，$P_\perp=1$ 取最大值。

2）$\gamma=\pi/4$

式（6.65）简化为 $P_\perp=c^2$，因为 $b^2+c^2\leqslant1$，所以当满足$(a=0，b=0，c=\pm1)$时，$P_\perp$ 取最大值 $P_\perp=1$。

3）$0<\gamma<\pi/4$

为了求式（6.65）的最大值，首先求功率 P 的驻点：

$$\begin{cases} P_{\perp b}=2b\cos^2 2\gamma=0 \\ P_{\perp c}=2c=0 \end{cases} \tag{6.66}$$

根据式（6.66）求得驻点：

$$\begin{cases} a=\pm1 \\ b=0 \\ c=0 \end{cases} \tag{6.67}$$

将式（6.67）代入式（6.65）得 $P_\perp=0$，因为 $P_\perp\geqslant0$，所以式（6.67）为交叉极化零点。

再求出边界上函数的最大值，将 $b^2+c^2=1$ 代入式（6.65）得：

$$P_\perp = (1-b^2) + b^2\cos^2 2\gamma$$
$$= 1 + b^2(\cos^2 2\gamma - 1) \qquad (6.68)$$
$$= 1 - b^2\sin^2 2\gamma$$

令 $P_{\perp b} = -2b\sin^2 2\gamma = 0$ ，得 $b=0$ ；因为 $b^2+c^2=1$ ，所以驻点 $(a=0$ ，$b=0$ ，$c=\pm 1)$, $P_\perp = 1$ 。继续求边界点的函数值：

$$P_\perp(0,\pm 1,0) = 1 - \sin^2 2\gamma \qquad (6.69)$$

故 $P_\perp(a,b,c)$ 的最大值为 $P_\perp(0,0,\pm 1) = 1$ 。

c．交叉极化鞍点

在求解交叉极化最大值点中式（6.69） $P_\perp(a=0,b=\pm 1,c=0)=1-\sin^2 2\gamma$ 既不是零点也不是最大值点。当考虑子午面 $b^2+c^2=1$ ，式（6.68）中 $P_{\perp b} = -2b\sin^2 2\gamma$ ，对于 $b>0$ 时， $P_\perp$ 单调递减，$b<0$ 时 $P_\perp$ 单调递增，又因为驻点 $(a=0$ ，$b=0$ ，$c=\pm 1)$ 为极大值点，所以 $(a=0$ ，$b=\pm 1$ ，$c=0)$ 为子午面 $b^2+c^2=1$ 上的最小值。当考虑赤道面 $a^2+b^2=1$ ，式（6.65）可以简化为 $P_\perp = b^2\cos^2 2\gamma$ ，此时 $P_{\perp b} = 2b\cos^2 2\gamma$ ，对于 $b>0$ 时， $P_\perp$ 单调递增，$b<0$ 时 $P_\perp$ 单调递减，又因为 $(a=\pm 1$ ，$b=0$ ，$c=0)$ 为交叉极化零点，所以 $(a=0$ ，$b=\pm 1$ ，$c=0)$ 为赤道面 $a^2+b^2=1$ 上的最大值。综上， $(a=0$ ，$b=\pm 1$ ，$c=0)$ 在两个正交方向上，一个是极小值，另外一个是极大值，因此 $(a=0$ ，$b=\pm 1$ ，$c=0)$ 为交叉极化的鞍点。

根据以上分析，从式（6.55）中 K_0 矩阵求解的最佳极化总结为表 6.3。

表 6.3　K_0 矩阵最佳极化

共极化零点	$\gamma \in [0,\pi/4]$	$(-\cos 2\gamma, 0, \pm\sin 2\gamma)$		
共极化最大值	$\gamma \in [0,\pi/4]$	$(1,\ 0,\ 0)$	$\gamma=\pi/4$	$(a^2+b^2=1,\ c=0)$
共极化鞍点	$\gamma \in (0,\pi/4]$	$(-1,\ 0,\ 0)$		
交叉极化零点	$\gamma \in [0,\pi/4]$	$(\pm 1,\ 0,\ 0)$	$\gamma=\pi/4$	$(a^2+b^2=1,\ c=0)$
交叉极化最大值	$\gamma \in (0,\pi/4]$	$(0,\ 0,\ \pm 1)$	$\gamma=0$	$(0,\ b^2+c^2=1)$
交叉极化鞍点	$\gamma \in (0,\pi/4)$	$(0,\ \pm 1,\ 0)$		

根据表 6.3，将由 K_0 矩阵得到的最佳极化绘制到 Poincare 球上，目标的最佳极化可以由 K_0 矩阵求得的最佳极化分别围绕 Poincare 球的三个坐标轴旋转 $2\nu, 2\tau, 2\theta$ 角度得到。

表 6.3 中最佳极化的分布形态根据特征角 γ 可以划分为三种类型："针型""帽型"和"叉型"。当 $\gamma=0°$ 时，Co-Max 和 Co-N 分别位于 Poincare 球大圆直径的两个端点，此时将最佳极化的分布称之为"针型"；当 $\gamma=45°$ 时，两个 Co-N 位于 Poincare 球大圆直径的两个端点，Co-Max 不再是单独的一个点，而是与两个 Co-N 垂直的大圆极化轨道，此时将最佳极化的分布称之为"帽型"；当 $0° <\gamma<45°$ 时，两个 Co-N 和 Co-Max 构成一个"叉型"结构，因此将这种最佳极化的分布称为"叉型"，如图 6.5 所示。

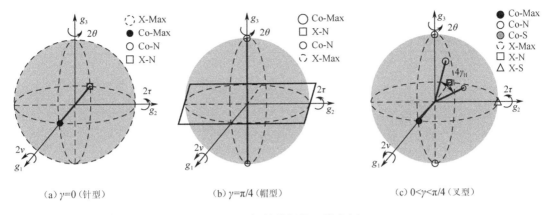

（a）γ=0（针型）　　　　　　　　（b）γ=π/4（帽型）　　　　　　　　（c）0<γ<π/4（叉型）

图 6.5　目标最佳极化三维表征

目标的最佳极化与 Huynen 目标参数是一一对应的。通过目标的 S 矩阵或 K 矩阵求出 Huynen 目标参数后就可以得到目标的最佳极化，具体步骤如下：

（1）通过目标的 S 矩阵或 K 矩阵求解出目标的 Huynen 参数。

（2）根据表 6.3 和 Huynen 参数中的特征角，求解对应 K_0 矩阵的最佳极化。

（3）根据式（6.57），由 K_0 矩阵求得的最佳极化分别围绕 Poincare 球的三个坐标轴旋转 $2\nu,2\tau,2\theta$ 角度，最终得到目标的最佳极化。

典型结构体如平板（球体、三面角）、圆柱体、二面角、窄二面角、偶极子。螺旋体的极化散射特性对于目标精细结构的解译具有重要意义，求解以上典型结构 Huynen 目标参数和最佳极化，并对其极化散射特性进行分析。

如表 6.4 所示，平板、球体、三面角、二面角结构类型的目标，最佳极化的分布为"帽型"，即对应于共极化最大值的极化方式不止一种，而是位于一个大圆极化轨道上。其中二面角结构的最佳极化可以由平板（球体、三面角）结构的最佳极化绕 g_1 轴旋转 2ν=90° 得到。圆柱体和窄二面角的最佳极化为"叉型"。窄二面角结构的最佳极化同样可以由圆柱体结构的最佳极化绕 g_1 轴旋转 2ν=90° 得到。偶极子和螺旋体的最佳极化为"针型"。共极化最大值和零点分别位于大圆直径的两个端点，交叉极化最大值位于与该直径垂直的大圆极化轨道。从偶极子和螺旋体的 Huynen 目标参数可以看出，左/右螺旋体的最佳极化分别可以由偶极子的最佳极化绕 g_2 轴旋转 2τ=∓90° 得到。

Huynen 目标参数具有不确定性，即对应于同一个散射矩阵具有多组 Huynen 目标参数集与之对应。由表 6.4 可以看出，由于平板（球体、三面角）、螺旋体结构的最佳极化围绕 g_3 轴旋转是没有变化的，所以 θ 可以取任意值。相同的道理，二面角的 τ 可以取任意值。又由于 γ=0° 时参数 ν 可以取任意值，所以偶极子和螺旋体的参数 ν 也是不确定的。从目标结构解译的角度来看，Huynen 目标参数的不确定性是不利的。

表 6.4　典型结构目标的 Huynen 目标参数与最佳极化

结 构 类 型	散射矩阵	Huynen 目标参数	最 佳 极 化	类型
平板（球体、三面角）	$\begin{bmatrix} 1 & 0 \\ 0 & 1 \end{bmatrix}$	$[\gamma=45°,\ \nu=0°,$ $\theta=\forall,\ \tau=0°]$		帽型
圆柱体	$\begin{bmatrix} 1 & 0 \\ 0 & 1/2 \end{bmatrix}$	$[\gamma=35.3°,\ \nu=0°,$ $\theta=0°,\ \tau=0°]$		叉型
二面角	$\begin{bmatrix} 1 & 0 \\ 0 & -1 \end{bmatrix}$	$[\gamma=45°,\ \nu=45°,$ $\theta=0°,\ \tau=\forall]$		帽型
窄二面角	$\begin{bmatrix} 1 & 0 \\ 0 & -1/2 \end{bmatrix}$	$[\gamma=35.3°,\ \nu=45°,$ $\theta=0°,\ \tau=0°]$		叉型

续表

结 构 类 型	散射矩阵	Huynen 目标参数	最 佳 极 化	类型
偶极子	$\begin{bmatrix} 1 & 0 \\ 0 & 0 \end{bmatrix}$	$[\gamma=0°，\nu=\forall，$ $\theta=0°，\tau=0°]$		针型
左螺旋	$\begin{bmatrix} 1 & i \\ i & -1 \end{bmatrix}$	$[\gamma=0°，\nu=\forall，$ $\theta=\forall，\tau=-45°]$		针型
右螺旋	$\begin{bmatrix} 1 & -i \\ -i & -1 \end{bmatrix}$	$[\gamma=0°，\nu=\forall，$ $\theta=\forall，\tau=45°]$		针型

6.2.3　Cameron 极化分解

如式（6.70）所示，Cameron 分解把一个任意的散射矩阵分解成两个正交的非互易的和互易的散射分量，互易的散射分量可以进一步分解成最大的和最小的对称散射分量。这个分解给出了几个具有物理含义的参数：互易角 θ_{rec}、对称角 τ 和散射类型参数 z。散射类型参数 z 是一个包含在复平面单位圆内的复数，是与雷达视线无关的变量。Cameron 介绍了一系列典型的散射类型，包括三面角、偶极子、二面角和 1/4 波器件等类型。

$$\vec{S}=a[\cos\theta_{\text{rec}}(\cos\tau\hat{S}_{\max}+\sin\tau\hat{S}_{\min})+\sin\theta_{\text{rec}}\hat{S}_{\text{nr}}] \tag{6.70}$$

（1）任意散射矩阵 S 可以分解为互易和非互易两部分 $S=S_{\text{rec}}+S_{\text{nr}}$，且两部分是正交的 $\vec{S}_{\text{nr}}^{*\text{T}}\cdot S_{\text{rec}}=0$。

将散射矩阵 S 写成向量形式 $\vec{S}=[a\ \ b\ \ c\ \ d]^{\text{T}}$，其中 a，b，c，d 均为复数，则 $\vec{S}_{\text{rec}}=\left[a\ \ \dfrac{b+c}{2}\ \ \dfrac{b+c}{2}\ \ d\right]^{\text{T}}$，$\vec{S}_{\text{nr}}=\left[0\ \ \dfrac{b-c}{2}\ \ \dfrac{c-b}{2}\ \ 0\right]^{\text{T}}$，显而易见 $\vec{S}_{\text{nr}}^{*\text{T}}\cdot\vec{S}_{\text{rec}}=0$。

（2）任意互易散射矩阵可以分为两个正交的对称散射体的散射矩阵 $\boldsymbol{S}_{\max}$ 和 $\boldsymbol{S}_{\min}$（单基地）。

设二维旋转 $\boldsymbol{R}(\theta)$ 为：

$$\boldsymbol{R}(\theta)=\begin{bmatrix}\cos\theta & -\sin\theta \\ \sin\theta & \cos\theta\end{bmatrix} \tag{6.71}$$

任意对称散射体的散射矩阵可以通过基变换对角化，即

$$\boldsymbol{R}(-\theta)\boldsymbol{S}_{\text{sym}}\boldsymbol{R}(\theta)=\boldsymbol{S}_{\text{d}} \tag{6.72}$$

根据 Kronecker 积的性质，式（6.72）可以变换为：

$$\boldsymbol{R}(-\theta)\otimes\boldsymbol{R}^{\text{T}}(\theta)\cdot\vec{\boldsymbol{S}}_{\text{sym}}=\vec{\boldsymbol{S}}_{\text{d}} \tag{6.73}$$

结合式（6.71），$\boldsymbol{R}_4(\theta)=\boldsymbol{R}(-\theta)\otimes\boldsymbol{R}^{\text{T}}(\theta)$ 为：

$$\boldsymbol{R}_4(\theta)=\frac{1}{2}\begin{bmatrix}1+\cos2\theta & \sin2\theta & \sin2\theta & 1-\cos2\theta \\ -\sin2\theta & 1+\cos2\theta & \cos2\theta-1 & \sin2\theta \\ -\sin2\theta & \cos2\theta-1 & 1+\cos2\theta & \sin2\theta \\ 1-\cos2\theta & -\sin2\theta & -\sin2\theta & 1+\cos2\theta\end{bmatrix} \tag{6.74}$$

此外，由于二维旋转矩阵为正交矩阵，所以 $\boldsymbol{R}_4$ 也为正交矩阵，即 $\boldsymbol{R}_4^{-1}=\boldsymbol{R}_4^{\text{T}}$。

矢量化的 Pauli 基分别为：

$$\widehat{\boldsymbol{S}}_a=\frac{1}{\sqrt{2}}\begin{bmatrix}1\\0\\0\\1\end{bmatrix} \quad \widehat{\boldsymbol{S}}_b=\frac{1}{\sqrt{2}}\begin{bmatrix}1\\0\\0\\-1\end{bmatrix} \quad \widehat{\boldsymbol{S}}_c=\frac{1}{\sqrt{2}}\begin{bmatrix}0\\1\\1\\0\end{bmatrix} \tag{6.75}$$

经过旋转后的 Pauli 基为：

$$\begin{cases}\boldsymbol{R}_4\cdot\widehat{\boldsymbol{S}}_a=\widehat{\boldsymbol{S}}_a \\ \boldsymbol{R}_4\cdot\widehat{\boldsymbol{S}}_b=\cos(2\theta)\widehat{\boldsymbol{S}}_b-\sin(2\theta)\widehat{\boldsymbol{S}}_c=(\widehat{\boldsymbol{S}}_a,\widehat{\boldsymbol{S}}_b,\widehat{\boldsymbol{S}}_c)\begin{bmatrix}1&0&0\\0&\cos2\theta&\sin2\theta\\0&-\sin2\theta&\cos2\theta\end{bmatrix} \\ \boldsymbol{R}_4\cdot\widehat{\boldsymbol{S}}_c=\sin(2\theta)\widehat{\boldsymbol{S}}_b+\cos(2\theta)\widehat{\boldsymbol{S}}_c\end{cases} \tag{6.76}$$

$$\begin{cases}\boldsymbol{R}_4^{-1}\cdot\widehat{\boldsymbol{S}}_a=\widehat{\boldsymbol{S}}_a \\ \boldsymbol{R}_4^{-1}\cdot\widehat{\boldsymbol{S}}_b=\cos(2\theta)\widehat{\boldsymbol{S}}_b+\sin(2\theta)\widehat{\boldsymbol{S}}_c=(\widehat{\boldsymbol{S}}_a,\widehat{\boldsymbol{S}}_b,\widehat{\boldsymbol{S}}_c)\begin{bmatrix}1&0&0\\0&\cos2\theta&-\sin2\theta\\0&\sin2\theta&\cos2\theta\end{bmatrix} \\ \boldsymbol{R}_4^{-1}\cdot\widehat{\boldsymbol{S}}_c=-\sin(2\theta)\widehat{\boldsymbol{S}}_b+\cos(2\theta)\widehat{\boldsymbol{S}}_c\end{cases} \tag{6.77}$$

对角散射矩阵可以在 Pauli 基下展开为：

$$\vec{\boldsymbol{S}}_d=\frac{\lambda_1+\lambda_2}{2}\widehat{\boldsymbol{S}}_a+\frac{\lambda_1-\lambda_2}{2}\widehat{\boldsymbol{S}}_b \tag{6.78}$$

其中，λ_1 和 λ_2 为对角阵的对角元素，均为复数。

$$\begin{aligned}\vec{\boldsymbol{S}}_{\text{sym}}=\boldsymbol{R}_4^{-1}\cdot\vec{\boldsymbol{S}}_d&=\frac{\lambda_1+\lambda_2}{2}(\boldsymbol{R}_4^{-1}\cdot\widehat{\boldsymbol{S}}_a)+\frac{\lambda_1-\lambda_2}{2}(\boldsymbol{R}_4^{-1}\cdot\widehat{\boldsymbol{S}}_b) \\ &=\frac{\lambda_1+\lambda_2}{2}\widehat{\boldsymbol{S}}_a+\frac{\lambda_1-\lambda_2}{2}[\cos(2\theta)\widehat{\boldsymbol{S}}_b+\sin(2\theta)\widehat{\boldsymbol{S}}_c]\end{aligned} \tag{6.79}$$

由式（6.79）可得，任意对称散射体的散射矩阵可以表示为：

$$\vec{\boldsymbol{S}}_{\text{sym}} = \alpha \hat{\boldsymbol{S}}_a + \varepsilon[\cos\varphi \hat{\boldsymbol{S}}_b + \sin\varphi \hat{\boldsymbol{S}}_c] \tag{6.80}$$

其中，互易散射矩阵 $\vec{\boldsymbol{S}}_{\text{rec}} = \alpha \hat{\boldsymbol{S}}_a + \beta \hat{\boldsymbol{S}}_b + \gamma \hat{\boldsymbol{S}}_c$ 的最大对称分量要满足 $\left| \left\langle \vec{\boldsymbol{S}}_{\text{rec}}, \vec{\boldsymbol{S}}_{\text{max}} \right\rangle \right|$ 取最大值，即式（6.80）中 ε 的模取最大值。

$$
\begin{aligned}
f(\varphi) = |\varepsilon|^2 &= \left| \left\langle \vec{\boldsymbol{S}}_{\text{rec}}, \cos\varphi \hat{\boldsymbol{S}}_b + \sin\varphi \hat{\boldsymbol{S}}_c \right\rangle \right|^2 \\
&= [\beta\cos\varphi + \gamma\sin\varphi][\beta\cos\varphi + \gamma\sin\varphi]^* \\
&= \frac{1}{2}[(|\beta|^2 + |\gamma|^2) + (|\beta|^2 - |\gamma|^2)\cos 2\varphi + (\beta\gamma^* + \beta^*\gamma)\sin 2\varphi]
\end{aligned} \tag{6.81}
$$

$f(\varphi)$ 的一阶导数为：

$$f'(\varphi) = -(|\beta|^2 - |\gamma|^2)\sin 2\varphi + (\beta\gamma^* + \beta^*\gamma)\cos 2\varphi \tag{6.82}$$

根据 $f'(\varphi)=0$ 得到极值点为：

$$
\begin{cases}
\tan 2\varphi = (\beta\gamma^* + \beta^*\gamma) \Big/ (|\beta|^2 - |\gamma|^2) & |\beta|^2 \neq |\gamma|^2 \\
\beta\gamma^* + \beta^*\gamma = 0 & |\beta|^2 = |\gamma|^2 \\
\cos 2\varphi = 0 & |\beta|^2 = |\gamma|^2
\end{cases} \tag{6.83}
$$

$f(\varphi)$ 的二阶导数为：

$$f''(\varphi) = -2(|\beta|^2 - |\gamma|^2)\cos 2\varphi - 2(\beta\gamma^* + \beta^*\gamma)\sin 2\varphi \tag{6.84}$$

（1）当 $|\beta|^2 \neq |\gamma|^2$ 时

$$
\begin{cases}
\sin(2\varphi_{\text{max}}) = \dfrac{(\beta\gamma^* + \beta^*\gamma)}{\sqrt{(|\beta|^2 - |\gamma|^2)^2 + (\beta\gamma^* + \beta^*\gamma)^2}} \\
\cos(2\varphi_{\text{max}}) = \dfrac{(|\beta|^2 - |\gamma|^2)}{\sqrt{(|\beta|^2 - |\gamma|^2)^2 + (\beta\gamma^* + \beta^*\gamma)^2}}
\end{cases} \tag{6.85}
$$

或

$$
\begin{cases}
\sin(2\varphi_{\text{min}}) = -\dfrac{(\beta\gamma^* + \beta^*\gamma)}{\sqrt{(|\beta|^2 - |\gamma|^2)^2 + (\beta\gamma^* + \beta^*\gamma)^2}} \\
\cos(2\varphi_{\text{min}}) = -\dfrac{(|\beta|^2 - |\gamma|^2)}{\sqrt{(|\beta|^2 - |\gamma|^2)^2 + (\beta\gamma^* + \beta^*\gamma)^2}}
\end{cases} \tag{6.86}
$$

式（6.85）代入式（6.84）得：

$$f''(\varphi_{\text{max}}) = -2\left[\frac{(|\beta|^2 - |\gamma|^2)^2}{\sqrt{(|\beta|^2 - |\gamma|^2)^2 + (\beta\gamma^* + \beta^*\gamma)^2}} + \frac{(\beta\gamma^* + \beta^*\gamma)^2}{\sqrt{(|\beta|^2 - |\gamma|^2)^2 + (\beta\gamma^* + \beta^*\gamma)^2}} \right] < 0 \tag{6.87}$$

所以 φ_{max} 为极大值点。

式（6.86）代入式（6.84）得：

$$f''(\varphi_{\min}) = 2\left[\frac{(|\beta|^2 - |\gamma|^2)^2}{\sqrt{(|\beta|^2 - |\gamma|^2)^2 + (\beta\gamma^* + \beta^*\gamma)^2}} + \frac{(\beta\gamma^* + \beta^*\gamma)^2}{\sqrt{(|\beta|^2 - |\gamma|^2)^2 + (\beta\gamma^* + \beta^*\gamma)^2}}\right] > 0 \quad （6.88）$$

所以 $\varphi_{\min}$ 为极小值点，$\varphi_{\max} = \varphi_{\min} + \dfrac{\pi}{2}$

（2）$|\beta|^2 = |\gamma|^2$ 时，$\beta\gamma^* + \beta^*\gamma = 0$，$f(\varphi) \equiv \dfrac{(|\beta|^2 + |\gamma|^2)}{2}$

所以 φ 可以取任意值。

（3）$|\beta|^2 = |\gamma|^2$ 时，$\cos 2\varphi = 0$

所以 $\varphi = \dfrac{\pi}{4}$ 或 $\varphi = -\dfrac{\pi}{4}$。

对于（2）和（3）情况只存在于理论推导，实际情况很难满足。

由式（6.85）得，互易散射矩阵的最大对称分量为：

$$\vec{S}_{\max} = \alpha\hat{S}_a + \varepsilon_{\max}[\cos\varphi_{\max}\hat{S}_b + \sin\varphi_{\max}\hat{S}_c]$$
$$\varepsilon_{\max} = \langle \vec{S}_{\text{rec}}, \cos\varphi_{\max}\hat{S}_b + \sin\varphi_{\max}\hat{S}_c \rangle \quad （6.89）$$

由式（6.86）得，互易散射矩阵的最小对称分量为：

$$\vec{S}_{\min} = \varepsilon_{\min}[\cos\varphi_{\min}\hat{S}_b + \sin\varphi_{\min}\hat{S}_c]$$
$$\varepsilon_{\min} = \langle \vec{S}_{rec}, \cos\varphi_{\min}\hat{S}_b + \sin\varphi_{\min}\hat{S}_c \rangle \quad （6.90）$$

因为 $\varphi_{\max} = \varphi_{\min} + \dfrac{\pi}{2}$，所以

$$\langle \cos\varphi_{\max}\hat{S}_b + \sin\varphi_{\max}\hat{S}_c, \cos\varphi_{\min}\hat{S}_b + \sin\varphi_{\min}\hat{S}_c \rangle = 0 \quad （6.91）$$

$\cos\varphi_{\max}\hat{S}_b + \sin\varphi_{\max}\hat{S}_c$ 与 $\cos\varphi_{\min}\hat{S}_b + \sin\varphi_{\min}\hat{S}_c$ 为一对正交基，$\langle \vec{S}_{\max}, \vec{S}_{\min} \rangle = 0$，即最大对称分量与最小对称分量正交。

所以 $\vec{S}_{\text{rec}} = \varepsilon_{\max}\vec{S}_{\max} + \varepsilon_{\min}\vec{S}_{\min}$。

综合以上分析，很容易理解 Cameron 分解的精髓：

$$\vec{S} = a[\cos\theta_{\text{rec}}(\cos\tau\hat{S}_{\max} + \sin\tau\hat{S}_{\min}) + \sin\theta_{\text{rec}}\hat{S}_{\text{nr}}] \quad （6.92）$$

其中 $0 \leqslant \theta_{\text{rec}} \leqslant \dfrac{\pi}{2}$，$0 \leqslant \tau \leqslant \dfrac{\pi}{4}$。

首先求得目标散射矩阵的互易角 θ_{rec}，根据互易角 θ_{rec} 的大小将目标分为互易目标和非互易目标；然后针对互易目标，再根据对称角 τ，将目标分为对称目标和非对称目标。将对称目标的散射矩阵对角化后，通过与典型对称目标体三面角、二面角、偶极子、圆柱体、窄二面角、1/4 波器件进行匹配，从而得到对称目标的具体结构类型。

利用 Cameron 分解解译目标结构类型的流程图如图 6.6 所示。

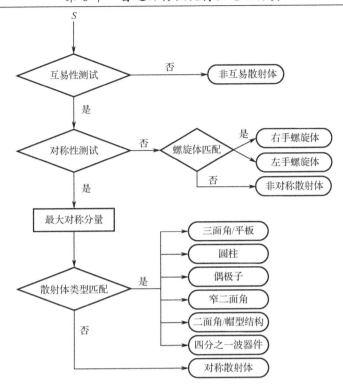

图 6.6　利用 Cameron 分解解译目标结构类型的流程图

6.3　雷达目标窄带极化散射特性电磁仿真

极化是雷达系统在频率、幅度、相位之外的又一信息测量维度，极化信息与目标的形状、结构、尺度、取向和材料等物理属性存在紧密的联系。不同的目标结构在空频域上的极化响应存在区别，因此利用极化信息有助于理解目标的散射机理，获得目标部件结构尺寸、空间指向、对称性、表面粗糙度等更加精细的目标信息。极化信号处理技术已成为预警、监视、跟踪、气象、遥感、成像等各类雷达的关键技术之一。

自雷达极化学形成以来，大量的理论研究和试验验证已经极大程度上丰富了对各类目标单基地雷达回波极化特性的了解。在此基础上提出的可以用于目标分类与识别的极化特征一般可分为以下两类：窄带极化特征和宽带极化特征。

基于低分辨雷达的窄带极化识别是最早见诸报道的雷达目标极化识别技术。美国早期就曾尝试用窄带极化特征区分弹头和诱饵目标，如图 6.7 所示。早期的目标极化识别研究思路主要是通过目标极化散射矩阵的变换和分解来获得目标的极化不变量特征，Kennaugh 和 Huynen 的工作是这一阶段的杰出代表。1952 年，Kennaugh 提出了最佳极化的概念。1970 年，Huynen 提出了"极化叉"的概念。这种基于窄带极化信息的极化不变量能粗略描述目标形状、胖瘦、有无螺旋结构等，但对复杂形体目标效果不佳，故

20 世纪 80 年代以来进展较缓慢。现有针对空间目标的反导预警等战略应用，由于需要兼顾远距离探测、高精度跟踪等需求，大型地基极化雷达均包括窄带工作模式，加之部分雷达低频工作会兼具反隐身的效果，因此目标低频窄带极化特征仍被认为是多特征融合识别方法中的重要特征之一（特别是对于简单结构形体目标）。

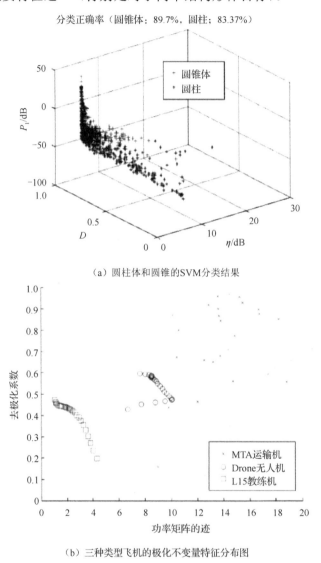

（a）圆柱体和圆锥的SVM分类结果

（b）三种类型飞机的极化不变量特征分布图

图 6.7　基于窄带极化不变量的目标分类结果

6.3.1　球和细柱 Huynen 参数

下面利用基于 Kennaugh 矩阵的 Huynen 参数提取方法，分别提取金属球和细圆柱两类典型目标的 6 个 Huynen 参数。双基地散射数据利用 FEKO 中多层快速多极子（MLFMA）电磁仿真获得，电磁计算的坐标系为以目标为中心的球坐标系。金属球和细圆柱目标的电磁仿真参数如表 6.5 所示。

图 6.8 为半径 $R=0.5m$ 的金属球的 6 个 Huynen 参数，图 6.8（a）、（b）所示金属球的 $\tau_s + \tau_i = 0$，当双基地角 $\beta \leq 150°$ 时，图 6.8（e）中 $v \approx 0$，图 6.8（f）中 $\gamma \approx \pi/4$（45°），这与表 6.4 中金属球的理论 Huynen 参数是一致的。但是当 $\beta > 150°$ 以后，Huynen 参数 v 开始振荡，进入前向散射区后 $v=\pi/4$（45°），这与理论分析是相悖的。目前针对这一现象未见相关研究对其解释。相比前 4 个 Huynen 参数，图 6.8（c）和图 6.8（d）中 θ_i、θ_s 随机振荡，没有明显的规律，这是因为金属球为非极化目标，没有取向信息，此时 θ_s、θ_i 没有具体的物理含义。

表 6.5 金属球和细圆柱目标的电磁仿真参数

频率	10GHz
入射方位角	0°
入射俯仰角	90°
接收方位角	0°～360°
接收俯仰角	90°
入射极化	H、V 极化
接收极化	H、V 极化
角度步进	1°

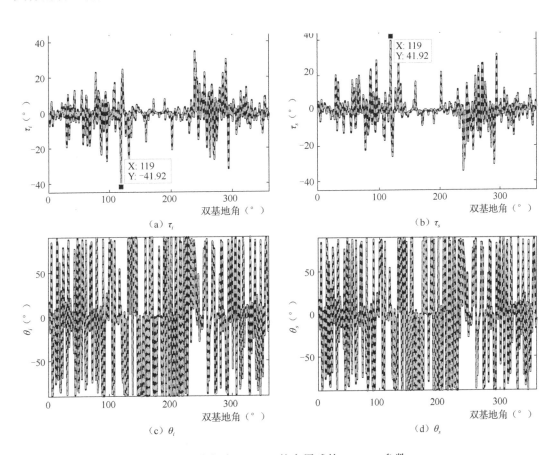

图 6.8 半径为 $R=0.5m$ 的金属球的 Huynen 参数

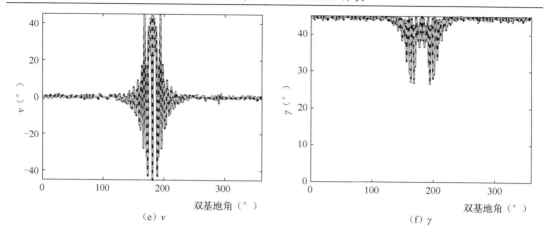

图 6.8　半径为 R=0.5m 的金属球的 Huynen 参数（续）

　　细圆柱在入射和散射极化参考平面的投影如图 6.9 所示。图 6.10 为细圆柱的 Huynen 参数。图 6.10（a）（b）所示细圆柱的 $\tau_s = \tau_i = 0$；图 6.10（f）中 $\gamma \leq 10$，这与表 6.3 中偶极子的理论 Huynen 参数是一致的。当 $\gamma \approx 0$ 时，图 6.10（e）中 Huynen 参数 ν 没有具体的物理含义。参见图 6.9，图 6.10（c）、（d）中 θ_i、θ_s 分别为极化目标在入射极化参考平面和散射极化参考平面的投影与 H 极化方向的夹角。由于细圆柱与球坐标系 Z 轴的夹角为 60°，所以其在入射极化参考平面的投影与 H 极化方向的夹角为 30°，在散射极化参考平面的投影与 H 极化方向的夹角随双基地角而变化，当双基地角 β=180° 时，散射极化参考平面的 H 极化与入射极化参考平面的 H 极化方向相反，此时细圆柱在散射极化参考平面的投影与 H 极化方向的夹角为–30°。由于 θ_i、θ_s 与极化目标的三维指向相关，所以可以利用 θ_i、θ_s 反演目标空间中的三维指向。对于单基地雷达，入射极化参考平面与散射极化参考平面重合，所以只能估计极化目标的二维指向，从这一点可以看出收发分置的双基地雷达可以获得目标更多的三维信息。

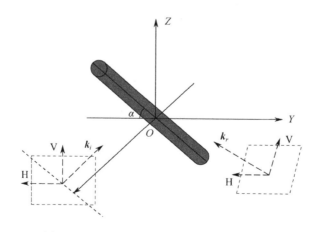

图 6.9　细圆柱在入射和散射极化平面的投影

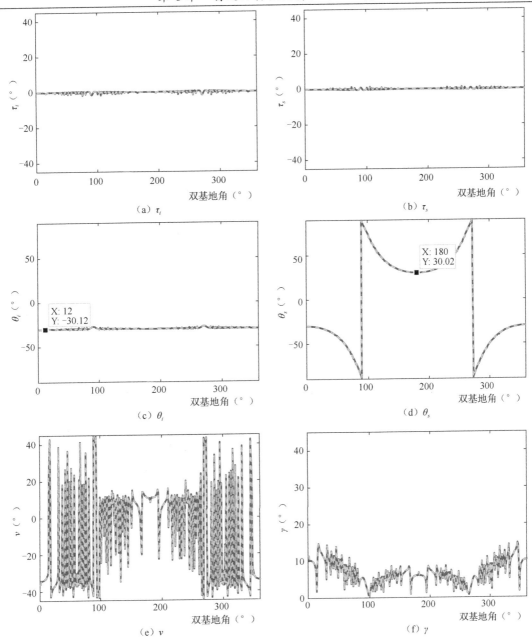

图 6.10　细圆柱的 Huynen 参数

6.3.2　典型结构最佳极化

表 6.3 给出了典型结构目标的最佳极化，本节遍历极化椭圆描述子空间 $\tau \in [-\pi/4, \pi/4]$ 和 $\varphi \in [-\pi/2, \pi/2]$，通过式（6.93）计算对应于每一个发射极化的接收功率。

$$P = \left| \boldsymbol{J}_r \boldsymbol{S} \boldsymbol{J}_i \right|^2 \tag{6.93}$$

其中，J_i、J_r 为发射天线和接收天线极化的 Jones 矢量。

当计算共极化接收时，令 $J_r = J_i$；当计算交叉极化接收时，$J_r = J_i(-\tau, \varphi \pm \pi/2)$。

将表 6.3 中的典型结构体代入式（6.93），分别得到球体/三面角/平板、圆柱体、二面角、窄二面角、偶极子和螺旋体的极化响应分布，然后将获得的极化响应幅度图渲染到 Poincare 球上，分别得到图 6.11～图 6.17。

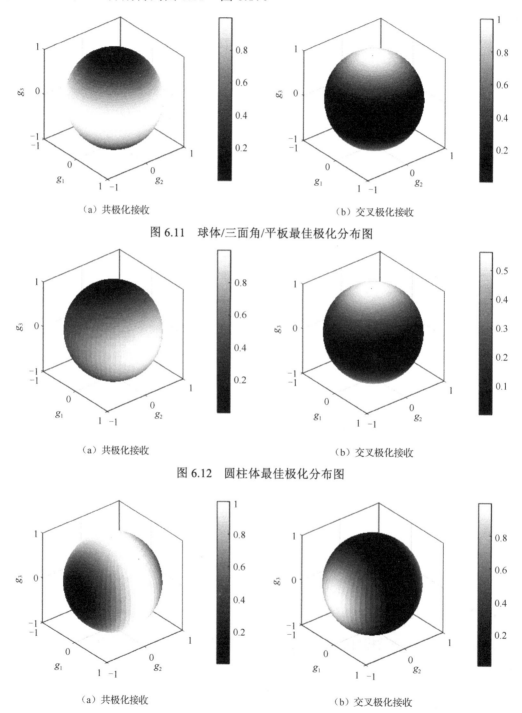

（a）共极化接收　　　　　　　　　　　　　　（b）交叉极化接收

图 6.11　球体/三面角/平板最佳极化分布图

（a）共极化接收　　　　　　　　　　　　　　（b）交叉极化接收

图 6.12　圆柱体最佳极化分布图

（a）共极化接收　　　　　　　　　　　　　　（b）交叉极化接收

图 6.13　二面角最佳极化分布图

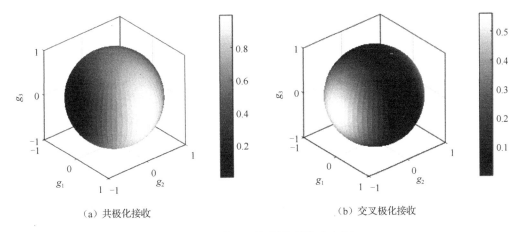

（a）共极化接收　　　　　　　　　　（b）交叉极化接收

图 6.14　窄二面角最佳极化分布图

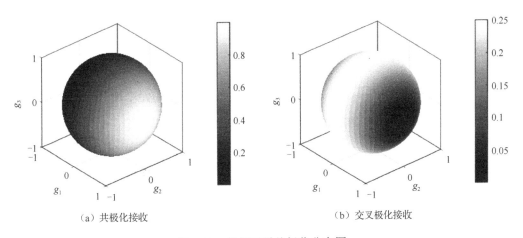

（a）共极化接收　　　　　　　　　　（b）交叉极化接收

图 6.15　偶极子最佳极化分布图

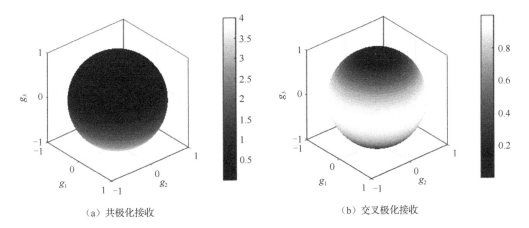

（a）共极化接收　　　　　　　　　　（b）交叉极化接收

图 6.16　左螺旋最佳极化分布图

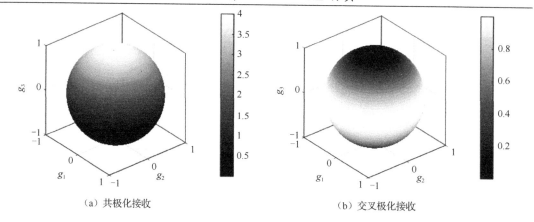

（a）共极化接收　　　　　　　　　　　（b）交叉极化接收

图 6.17　右螺旋最佳极化分布图

从图 6.11～图 6.17 可以看出，典型结构体目标的极化响应幅度图的极值分布与表 6.3 中最佳极化的理论值一致。

6.4　雷达目标宽带极化散射特性电磁仿真

随着宽带雷达技术的发展，雷达分辨力显著提高，目标的强散射点能够被孤立出来，综合每个散射点的极化特征能够提取更为丰富的目标细节信息，如图 6.18 所示。对于地物目标来说，这些散射点的散射特性往往会随时间、频率、温度等因素发生变化，造成对应散射场的幅度和相位起伏，从而导致散射场之间以非相干的方式进行叠加。对于人造目标来说，在高频区目标可以由有限个离散的散射中心来表征，这些散射中心的散射特性往往具有较好的稳定性，因此每个散射中心的散射场以相干的方式叠加，产生目标的相干回波。在实际应用中，对地观测一般将目标视为非相干目标，因为

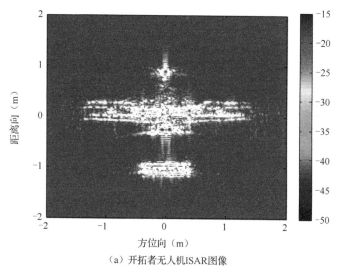

（a）开拓者无人机ISAR图像

图 6.18　开拓者无人机 ISAR 图像和散射中心类型判别结果

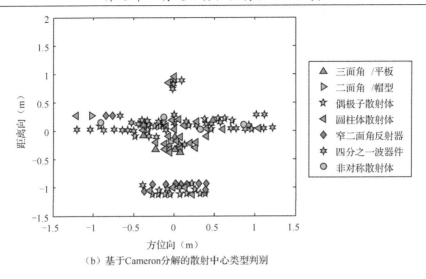

（b）基于Cameron分解的散射中心类型判别

图 6.18　开拓者无人机 ISAR 图像和散射中心类型判别结果（续）

被观测的车辆、建筑等人造目标处在地物环境中，人造目标与地物环境散射场会以非相干的方式叠加；对空观测一般将目标视为相干目标，因为空中、空间的背景噪声相对较小，雷达回波主要以飞机、导弹和卫星等人造目标为主，散射场呈现较好的相干特性。国内外研究者已经提出了多种单基地雷达目标相干分解理论，包括 Pauli 分解、Krogager 分解、Cameron 分解等。

6.4.1　典型结构

本节首先对三种典型结构（二面角、三面角和球体）在 10GHz 的极化散射特性进行电磁仿真，重点揭示极化散射特性随目标结构尺寸、电磁波方向的可变性，充分体现了雷达目标的极化响应是极其敏感的。反过来想，就是因为目标的极化信息对目标的结构、姿态、信号频率敏感，所以为利用极化信息认知目标创造了条件，即机遇与挑战并存。

1．二面角

分别计算边长为 λ、2λ、4λ 和 10λ 的直二面角在电磁波频率为 10GHz，俯仰角 $\theta=45°$，方位角 $\varphi=-45°-45°$ 下的全极化 RCS，RCS 区域依次从谐振区过渡到高频区，观察不同尺寸二面角随电磁波方向的改变引起的极化散射机理的变化。

由目标谐振区和高频区的 RCS 特性可知，在谐振区目标 RCS 随频率是振荡变化的，在高频区目标的 RCS 趋近一个固定值。由图 6.19 可以进一步得出有趣的结论，固定电磁波的频率，从 RCS 主瓣振荡的幅度和旁瓣的数量可以看出，在谐振区，目标的 RCS 随电磁波方向的变化相对于高频区来说却又是缓变的。这是因为在高频区目标的 RCS 可以等效看作目标在电磁波视线上的截面积，因此视线的变化会迅速导致目标截面积的变化，因此目标 RCS 随电磁波视线的变化是快变的。在谐振区，目标 RCS 是由目标的极点决定的，极点的分布是与目标的姿态没有关系的，因此目标 RCS 随方位的变化是慢变的。

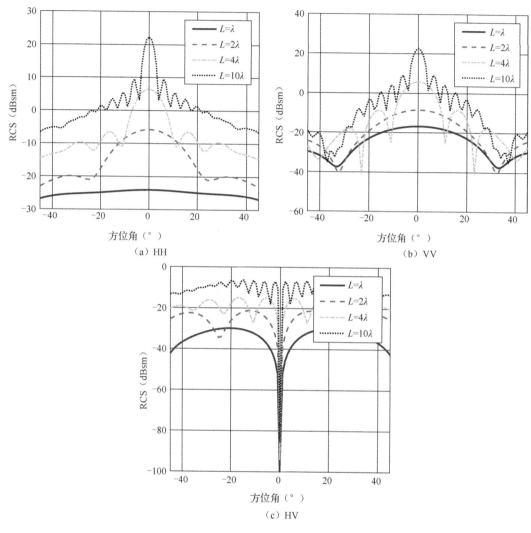

（a）HH

（b）VV

（c）HV

图 6.19　二面角全极化 RCS

两个散射矩阵之间的相似性度量可以由式（6.94）给出：

$$r(\mathbf{S}_1, \mathbf{S}_2) = \frac{\left|\mathbf{k}_1^{\mathrm{H}}\mathbf{k}_2\right|^2}{\left\|\mathbf{k}_1\right\|_2^2 \left\|\mathbf{k}_2\right\|_2^2} \tag{6.94}$$

式中，$\mathbf{k}_1$，$\mathbf{k}_2$ 为散射矩阵的 Pauli 矢量，分别定义为：

$$\mathbf{k}_1 = 1/\sqrt{2}\,[\mathbf{S}_{\mathrm{HH}}^1 + \mathbf{S}_{\mathrm{VV}}^1, \mathbf{S}_{\mathrm{VV}}^1 - \mathbf{S}_{\mathrm{HH}}^1, 2\mathbf{S}_{\mathrm{HV}}^1]$$

$$\mathbf{k}_2 = 1/\sqrt{2}\,[\mathbf{S}_{\mathrm{HH}}^2 + \mathbf{S}_{\mathrm{VV}}^2, \mathbf{S}_{\mathrm{VV}}^2 - \mathbf{S}_{\mathrm{HH}}^2, 2\mathbf{S}_{\mathrm{HV}}^2]$$

接下来计算不同尺寸二面角散射矩阵的相似系数随电磁波方向的变化。

图 6.20 的结果符合二面角的极化散射特性，当方位角为 0° 时，二面角具有很强的

二次散射，呈现独特的二面角电磁散射机理；当方位角变化时，二面角的二次散射作用大大降低，RCS 急剧减小，此时二面角的电磁散射机理开始发生变化。

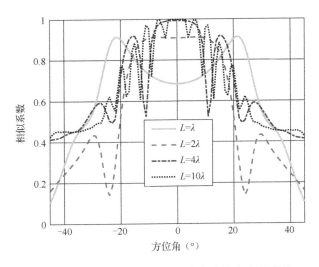

图 6.20　二面角极化散射机理随电磁波方向的变化

由于式（6.94）只能衡量二面角极化散射机理改变的程度，并不能反映二面角的极化散射机理随电磁波方向的改变具体是怎么变化的，因此，借助 Cameron 对每一个姿态角下二面角的散射矩阵进行分解，得到其对应的散射机理，分别将每个姿态的极化散射类型绘制到 Cameron 圆上得到图 6.21。

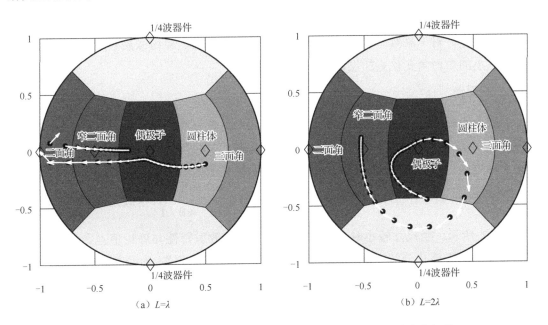

图 6.21　不同尺寸二面角极化散射机理随电磁波方向改变的变化规律

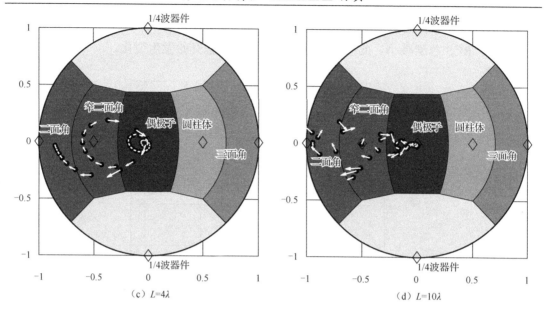

图 6.21　不同尺寸二面角极化散射机理随电磁波方向改变的变化规律（续）

从图 6.21 可以看出，仅在方位角 $\varphi=0°$ 左右，不同尺寸的二面角结构才呈现对应的二面角散射机理；其他视线角条件下，二面角的二次散射作用大大降低，二面角的散射机理随着视线的变化而改变，说明二面角的极化散射特性具有很强的视线角敏感性。此外，由图 6.21 所示的二面角极化散射类型的变化轨迹可以看出，当二面角的尺寸在谐振区时，极化散射类型的变化轨迹是"连续"的；随着二面角尺寸的增加，二面角进入高频区后，极化散射类型的变化变得"杂乱"，没有明显的规律。从图 6.20 中也可以得到类似的结论，对于高频区的二面角，二面角的极化散射机理相似系数随着方位角的变化比尺寸小的二面角变化更加振荡。

2. 三面角

三面角的电磁波频率和方向与二面角一致，三面角全极化 RCS 与方位角的关系，如图 6.22 所示。从图 6.19 和图 6.22 对比可以看出，三面角的强散射特性比二面角具有更强的稳定性，RCS 在很大的方位角范围内都保持强散射状态。

根据式（6.94）计算不同尺寸三面角与理论散射矩阵 $\begin{bmatrix} 1 & 0 \\ 0 & 1 \end{bmatrix}$ 相似系数的关系，结果如图 6.23 所示。当尺寸较小时，三面角呈现的极化散射特性与理论值差距较大。如果利用传统的相干极化分解方法判断结构类型就会造成"误判"，对目标三维结构的反演造成重要影响。随着尺寸的增大，三面角呈现稳定的极化散射特性，即在很大的方位角范围内，都与理论散射机理相同，为目标提供稳定的极化特征。

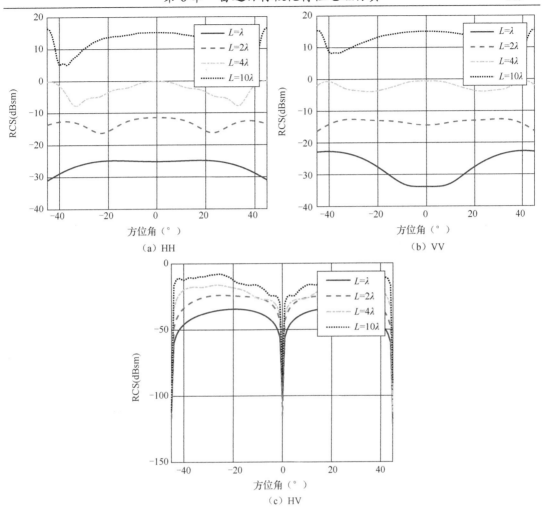

图 6.22　三面角全极化 RCS 与方位角的关系

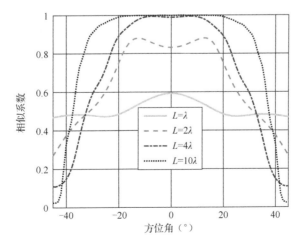

图 6.23　三面角极化散射机理随电磁波方向的变化

借助 Cameron 分解，对每一个姿态角下三面角的散射矩阵进行分解，得到其对应的散射机理，分别将每个姿态的极化散射类型绘制到 Cameron 圆上，得到图 6.24。从图中可以看出，随着三面角尺寸的增加，与理论极化散射机理相符的方位角个数增多，与图 6.23 结果一致。四种不同尺寸三面角的极化散射机理当方位角偏离对称轴线时，都会在很多角度呈现"四分之一波器件"的极化散射机理（特别是谐振区的三面角），即成为将入射的线极化电磁波"转换"为椭圆极化或圆极化电磁波的目标散射部件。

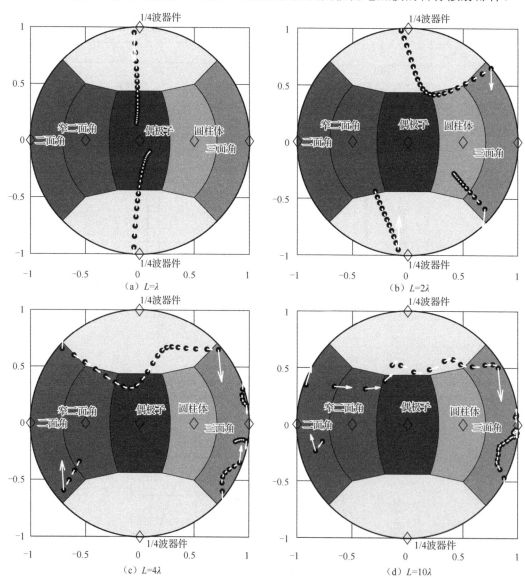

图 6.24　不同尺寸三面角极化散射机理随电磁波方向的变化规律

3. 球体

仿真的金属球体直径分别为 $L=\lambda$，2λ，4λ 和 10λ。如图 6.25 所示，电磁仿真的球体

RCS 与金属球的理论 RCS 值 πr^2 一致，且交叉极化分量的能量明显弱于主极化分量。金属球的 RCS 相对于方位角的变化是恒定的，说明金属球体的后向散射特性是各向同性的。

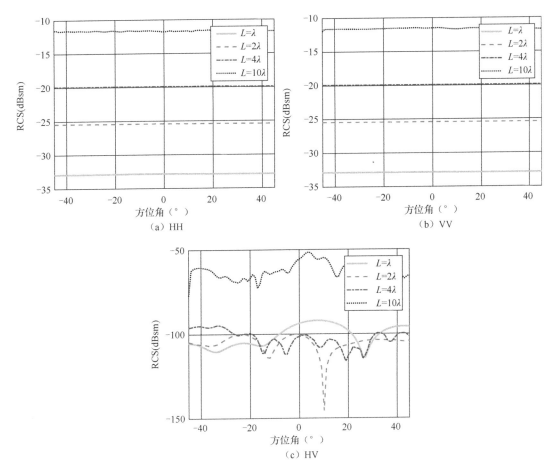

图 6.25 球体全极化 RCS

根据式（6.94）计算不同尺寸球体与理论散射矩阵 $\begin{bmatrix} 1 & 0 \\ 0 & 1 \end{bmatrix}$ 的相似系数的关系，结果如图 6.26 所示。从图中可以看出，四种尺寸的金属球体在不同视线角下与理论散射矩阵均具有很强的稳定性。

借助 Cameron 分解，对每一个姿态角下金属球的散射矩阵进行分解，得到其对应的散射机理，分别将每个姿态的极化散射类型绘制到 Cameron 圆上，得到图 6.27。从图中可以看出，利用 Cameron 分解得到金属球体在不同视角下的散射机理均与理论值一致，再一次表明球体随着视线角的变化具有很好的稳定性。

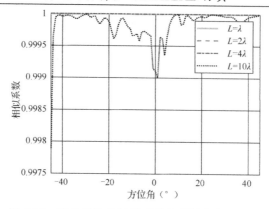

图 6.26 　球体极化散射机理随电磁波方向的变化

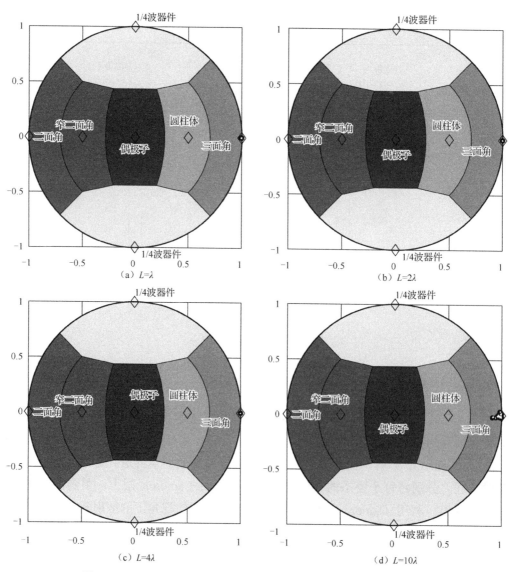

图 6.27 　不同尺寸金属球体极化散射机理随电磁波方向的变化规律

6.4.2　开拓者无人机

对开拓者无人机暗室测量数据进行分析，由于开拓者无人机的实物上机身机翼等部件由玻璃钢等非金属材料构成，且主要材料为非色散材料。在散射机理分析时，散射中心的频率色散特性与金属材质并不相同。同时，典型几何结构的模型也不能描述介质目标的散射特性。而考虑到极化分解的方法在分析非金属目标时（如地物目标中的房屋、森林等）也具有优良的区分效果，因此，针对复杂材质目标反演结构类型时，散射中心的类型判别方法仅利用极化信息，即采用极化分解方法，对图中各散射中心进行类型判别。相较而言，Cameron 方法能对散射中心进行更细致的划分，故此处采用 Cameron 极化分解方法判别散射中心的类型。

图 6.20 和图 6.23 成像结果中，四个极化通道均有较清晰的无人机轮廓。与金属模型产生的图像相比，真实无人机的图像中，散射中心除了位于无人机的轮廓处外，在机头与机身内部也存在大量强的散射中心，这是由于无人机机身外壳由非金属材料制成，电磁波能透过外壳射入机身内部，而机身内部存在发动机等金属器件，有强的电磁散射，因此机身内部形成大量强散射点。基于 Cameron 极化分解算法的散射中心类型判别的结果如图 6.28 和图 6.29 所示。

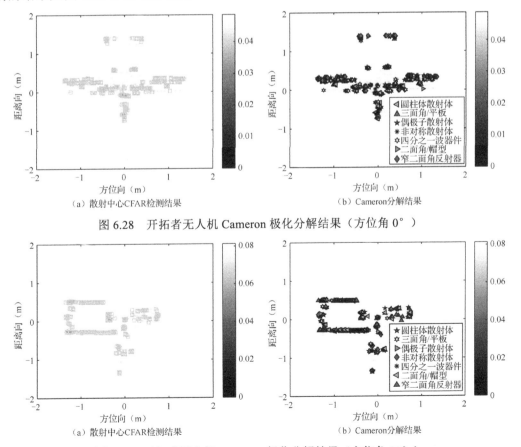

（a）散射中心CFAR检测结果　　　　　（b）Cameron分解结果

图 6.28　开拓者无人机 Cameron 极化分解结果（方位角 0°）

（a）散射中心CFAR检测结果　　　　　（b）Cameron分解结果

图 6.29　开拓者无人机 Cameron 极化分解结果（方位角 90°）

由图可见，由于仅采用 Cameron 极化分解方法，散射中心类型判别存在一定的不确定性。基于类型判别结果，并结合机身的结构分析得出，在正视情况下，机翼轮廓处表现为四分之一波器件和窄二面角的结构类型，螺旋桨处呈四分之一波器件散射，而尾翼则以二面角与窄二面角散射为主。在无人机内部，机头内部以圆柱结构居多；机身内部散射中心类型繁多，对应于飞机控制等金属部件，结构复杂；机翼内部存在较多三面角以及圆柱散射结构。在侧视情况下，螺旋桨轴部为圆柱体结构，拖杆为圆柱体结构，尾翼主要为三面角/平板结构。而机身内部主要表现为三面角/平板结构；机翼内部存在窄二面角、偶极子以及非对称结构，结构复杂。

6.4.3　空间目标模型

弹道空间目标模型的全极化图像如图 6.26～图 6.28 所示，利用 Cameron 分解对 CFAR 检测提取的散射中心进行结构类型的诊断。如图 6.30 所示，导弹模型与无人机模型相比结构较为简单，因此提取的散射中心数目较少。对应于导弹模型弹体上的散射中心结构类型判别为圆柱体，与底部尾翼对应的散射中心判别为偶极子散射体，散射中心类型判别结果与目标实际结构基本保持一致。

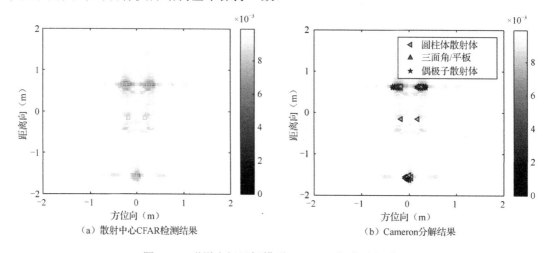

（a）散射中心CFAR检测结果　　　　　　　（b）Cameron分解结果

图 6.30　弹道空间目标模型 Cameron 极化分解结果

参 考 文 献

[1] Kell R E. On the derivation of bistatic RCS from monostatic measurements[J]. Proceedings of the IEEE, 1965, 53(8):983-988.

[2] Eigel R L, Collins P J, Terzuoli A J, et al. Bistatic scattering characterization of complex objects[J]. IEEE Transactions on Geoscience and Remote Sensing, 2000, 38(5): 2078-2092.

[3] Bradley C J, Collins P J, Falconer D G, et al. Evaluation of a Near-Field Monostatic-to-Bistatic Equivalence Theorem. IEEE Transactions[J] on Geoscience and Remote Sensing, 2008, 46(2):449-457.

[4] Lee J, Yun D, Kim H, et al. Fast ISAR Image Formations Over Multiaspect Angles Using the Shooting and Bouncing Rays[J]. IEEE Antennas and Wireless Propagation Letters, 2018, 17(6):1020-1023.

[5] Buddendick H, Eibert T F. Acceleration of Ray-Based Radar Cross Section Predictions Using Monostatic-Bistatic Equivalence[J]. IEEE Transactions on Antennas and Propagation, 2010, 58(2):531-539.

[6] Cherniakov M, Abdullah R S A R, Jancovic P, et al. Automatic ground target classification using forward scattering radar[J]. IEE Proceedings-Radar, Sonar and Navigation, 2006, 153(5):427-437.

[7] Hu C, Sizov V, Antoniou M, et al. Optimal Signal Processing in Ground-Based Forward Scatter Micro Radars[J]. IEEE Transactions on Aerospace and Electronic Systems, 2012, 48(4): 3006-3026.

[8] Contu M, Luca A D, Hristovet S, et al. Passive Multifrequency Forward-Scatter Radar Measurements of Airborne Targets Using Broadcasting Signals[J]. IEEE Transactions on Aerospace and Electronic Systems, 2017, 53(3):1067-1087.

[9] Clemente C. Soraghan J J. GNSS-Based Passive Bistatic Radar for Micro-Doppler Analysis of Helicopter Rotor Blades[J]. IEEE Transactions on Aerospace and Electronic Systems, 2014, 50(1):491-500.

[10] 孙洪海，吕振华. 车身非平整表面的 RCS 分布特性数值模拟分析[J]. 清华大学学报（自然科学版），2018, 58(4): 424-431.

[11] 张俊，胡生亮，杨庆，等. 浮空式角反射体 RCS 统计特征及识别模型研究[J].系统工程与电子技术，2019, 41(04):780-786.

[12] Chen J, Xu S, Chen Z. Convolutional neural network for classifying space target of the

same shape by using RCS time series[J]. IET Radar, Sonar & Navigation, 2018, 12(11): 1268-1275.

[13] 张晨新，林存坤，周成，等. 通用的雷达目标 RCS 统计建模方法[J]. 现代防御技术，2017, 45(05):114-119.

[14] 沈鹏. 海面舰船 RCS 起伏分布模型研究[J]. 指挥控制与仿真，2019, 41(04):37-39.

[15] 张斌，杨勇，逯旺旺，等.Ku 波段固定翼无人机全极化 RCS 统计特性研究[J]. 现代雷达，2020, 42(6):41-47.

[16] 张群，胡健，罗迎，等. 微动目标雷达特征提取、成像与识别研究进展[J]. 雷达学报，2018, 7(05):531-547.

[17] 冯存前，李靖卿，贺思三，等. 组网雷达中弹道目标微动特征提取与识别综述[J]. 雷达学报，2015，4(6): 609-620.

[18] Xu Z, Ai X, Wu Q, et al. Coupling Scattering Characteristic Analysis of Dihedral Corner Reflectors in SAR Images[J]. IEEE ACCESS, 2018, 6:78918-78930.

[19] Ai X, Zou X, Li Y, et al. Bistatic scattering centres of cone-shaped targets and target length estimation[J]. Science China Information Sciences, 2012, 55(12):2888-2898.

[20] 王雪松. 雷达极化技术研究现状与展望[J]. 雷达学报，2016, 5(2):119-131.

[21] Sinclair G.The transmission and reception of elliptically polarized waves[J]. Proceedings of the IRE, 1950, 38(2):148-151.

[22] Chen V C, Li F, Ho S, et al. Micro-Doppler effect in radar:phenomenon, model, and simulation study[J]. IEEE Transactions on Aerospace and Electronic Systems, 2006, 42(1): 2-21.

[23] Chen V C, Rosiers A d, Lipps R. Bi-static ISAR range-doppler imaging and resolution analysis[J]. IEEE Radar Conference, 2009.

[24] 邹小海. 弹道中段目标双基地微动特性分析与特征提取[D]. 长沙：国防科学技术大学，2013.

[25] Fioranelli F, Ritchie M, Griffiths H. Classification of Unarmed/Armed Personnel Using the NetRAD Multistatic Radar for Micro-Doppler and Singular Value Decomposition Features[J]. IEEE Geoscience and Remote Sensing Letters, 2015, 12(9):1933-1937.

[26] Ritchie M, Fioranelli F, Balleri A, et al. Measurement and analysis of multiband bistatic and monostatic radar signatures of wind turbines[J]. Electronics Letters, 2015, 51(14): 1112-1113.

[27] Fioranelli F, Ritchie M, Griffiths H, et al. Classification of loaded/unloaded micro-drones using multistatic radar[J]. Electronics Letters, 2015, 51(22):1813-1815.

[28] 刘玉琪，易建新，万显荣，等. 数字电视外辐射源雷达多旋翼无人机微多普勒效应实验研究[J]. 雷达学报，2018, 7(05):585-592.

[29] 李宇倩，易建新，万显荣，等. 外辐射源雷达直升机旋翼参数估计方法[J]. 雷达学

报，2018, 7(03):313-319.

[30] 刘进. 微动目标雷达信号参数估计与物理特征提取[D]. 长沙：国防科学技术大学，2010.

[31] 周剑雄，鲍庆龙，吴文振，等. 雷达目标多维特性分析与应用[J]. 电波科学学报，2020, 35(4):551-562.

[32] 屈泉西. 雷达目标散射中心模型及其应用[D]. 北京：北京理工大学，2015.

[33] 艾小锋. 双基地雷达弹道目标成像与特征提取方法研究[D]. 长沙：国防科学技术大学，2012.

[34] 郭琨毅，牛童瑶，屈泉酉，等. 散射中心的时频像特征研究[J]. 电子与信息学报，2016, 38(2): 478-485.

[35] Zhao X, Guo K, Sheng X. Modifications on parametric models for distributed scattering centres on surfaces with arbitrary shapes[J]. IET Radar, Sonar & Navigation, 2019, 13(12): 2174-2182.

[36] Gao H, Xie L, Wen S, et al.Micro-Doppler Signature Extraction from Ballistic Target with Micro-Motions[J]. IEEE Transactions on Aerospace and Electronic Systems, 2010, 46(4): 1969-1982.

[37] Chen V C, Li F, Ho S S, et al.Micro-Doppler effect in radar: phenomenon, model, and simulation study[J], IEEE Transactions on Aerospace and Electronic Systems, 2006, 42(1):2-21.

[38] Huynen J R. Phenomenological theory of radar targets.Ph.D. dissertation, Tech. Univ. Delft, Delft, The Netherlands, 1970.

[39] Titin-Schnaider C. Polarimetric Characterization of Bistatic Coherent Mechanisms[J]. IEEE Transactions on Geoscience and Remote Sensing, 2008, 46(5):1535-1546.

[40] Titin-Schnaider C. Physical Meaning of Bistatic Polarimetric Parameters[J]. IEEE Transactions on Geoscience and Remote Sensing, 2010, 48(5):2349-2356.

[41] Titin-Schnaider C. Characterization and Recognition of Bistatic Polarimetric Mechanisms [J]. IEEE Transactions on Geoscience and Remote Sensing, 2013, 51(3):1755-1774.

[42] Cameron W L Rais H. Derivation of a Signed Cameron Decomposition Asymmetry Parameter and Relationship of Cameron to Huynen Decomposition Parameters[J]. IEEE Transactions on Geoscience and Remote Sensing, 2011, 49(5):1677-1688.

[43] 杨健，曾亮，马文婷，等. 目标极化散射特征提取的研究进展[J]. 电波科学学报，2019, 34(01):12-18.

[44] Touzi R.Target Scattering Decomposition in Terms of Roll-Invariant Target Parameters[J]. IEEE Transactions on Geoscience and Remote Sensing, 2007, 45(1):73-84.

[45] Marino A, Cloude S R, Woodhouse I H. A Polarimetric Target Detector Using the Huynen Fork[J]. IEEE Transactions on Geoscience and Remote Sensing, 2010,

48(5):2357-2366.

[46] Dallmann T, Heberling D. Technique for Huynen-Euler decomposition[J]. Electronics Letters, 2017, 53(13):877-879.

[47] 庄钊文，肖顺平，王雪松. 雷达极化信息处理及其应用[M]. 国防工业出版社，1999.

[48] 王雪松，肖顺平，曾勇虎，等. 极化轨道约束下的最优极化（一）[J]. 微波学报，1997, 13(01):33-42.

[49] 王雪松，肖顺平，曾勇虎，等. 极化轨道约束下的最优极化（二）[J]. 微波学报，1997, 13(03): 216-223+238.

[50] 王雪松，庄钊文，肖顺平，等. 极化轨道约束下的最优极化（三）[J]. 微波学报，1999, 15(02):3-5.

[51] 杨健，彭应宁. 相对最优极化的最新进展[J]. 遥感技术与应用，2005, 20(01): 38-41.

[52] Yang J, Yamaguchi Y, Yamada H, et al.Simple method for obtaining characteristic polarization states[J]. Electronics Letters, 1998, 34(5):441-443.

[53] 马梁. 弹道中段目标微动特性及综合识别方法[D]. 长沙：国防科学技术大学，2011.

[54] Ao D, Li Y, Hu C, et al. Accurate Analysis of Target Characteristic in Bistatic SAR Images: A Dihedral Corner Reflectors Case[J]. Sensors, 2018, 18(24):1-26.

[55] 殷红成，郭琨毅. 目标电磁散射特性研究的若干热点和难点问题[J]. 电波科学学报，2020, 35(01):128-134.

[56] 郭琨毅，殷红成，盛新庆，等. 雷达目标的散射中心建模研究[J]. 电波科学学报，2020, 35(01):106-115.

[57] 伍光新. 谐振区雷达目标特征提取与目标识别研究[D]. 哈尔滨：哈尔滨工业大学，2008.

[58] Lv W, Wang J, Yu W. Simulation of Echoes from Ballistic Targets[J]. IEEE Antennas and Wireless Propagation Letters, 2014, 13:1361-1364.

[59] Persico A R, Clemente C, Gaglione D, et al.On Model, Algorithms, and Experiment for Micro-Doppler-Based Recognition of Ballistic Targets[J]. IEEE Transactions on Aerospace and Electronic Systems, 2017, 53(3):1088-1108.

[60] 马梁，李永祯，陈志杰，等. 空间微动目标动态全极化回波仿真技术研究[J]. 系统仿真学报，2012, 24(03):628-631+637.

[61] Yang Y, Peng Z K, Dong X J, et al.General Parameterized Time-Frequency Transform[J]. IEEE Transactions on Signal Processing, 2014, 62(11):2751-2764.

[62] Yang Y, Peng Z K, Meng G, et al. Spline-Kernelled Chirplet Transform for the Analysis of Signals With Time-Varying Frequency and Its Application[J]. IEEE Transactions on Industrial Electronics, 2012, 59(3):1612-1621.

[63] 张群，胡健，罗迎，等. 微动目标雷达特征提取、成像与识别研究进展[J]. 雷达学报，2018, 7(05):531-547.

[64] 杨扬. 参数化时频分析理论、方法及其在工程信号分析中的应用[D]. 上海：上海交通大学，2013.

[65] 陈思伟，李永祯，王雪松，等. 极化 SAR 目标散射旋转域解译理论与应用[J]. 雷达学报，2017, 6(05):442-455.

[66] 吴佳妮. 人造目标几何结构反演与极化雷达识别研究[D]. 长沙：国防科学技术大学，2017.

[67] 代大海，廖斌，肖顺平，等. 雷达极化信息获取与处理的研究进展[J]. 雷达学报，2016, 5(02): 143-155.

[68] 刘晓斌，刘进，刘光军，等. 辐射式仿真中脉冲雷达 ISAR 成像等效模拟方法[J].电子与信息学报，2018, 40(7): 1553-1560.

[69] 赵京城，洪韬，梁沂. 基于扫频技术的散射测量微波暗室设计[J]. 宇航学报，2009, 30(2): 730-734.

[70] 叶桃杉，黄沛霖，束长勇，等. 进动锥体目标散射特性仿真及实验分析[J]. 北京航空航天大学学报，2016, 42(3):588-595.

[71] 刘进，王雪松，马梁，等. 空间进动目标动态散射特性的实验研究[J]. 航空学报，2010, 31(5): 1014-1023.

[72] 张俊，胡生亮，杨庆，等. 浮空式角反射体 RCS 统计特征及识别模型研究[J]. 系统工程与电子技术，2019, 41(04):780-786.

[73] 戴崇. 雷达目标动态 RCS 特性建模方法研究[D]. 长沙：国防科学技术大学, 2013.